"工学结合、校企合作"课程改革系列教材
全国职业院校技能大赛计算机类项目辅导用书

网络综合布线系统设计与实训

丛书主编　吴访升

主　　编　姚　强

参　　编　纪伟娟　钱　华　马吉华　王钦国　邹志伟

丛书主审　董群朴

机械工业出版社

本书围绕综合布线系统设计与技能实训展开，通过引入实际工程中的案例详细介绍了设计、施工、测试、验收过程，并提供了设计样图，突出了项目设计和岗位技能训练。此外，本书列举了大量的综合布线系统设计案例，提供了大量的设计图样，传授了丰富的工程经验，并为教学和训练设计了一系列模拟实训，还特别增加了竣工资料和项目评分标准，可满足综合布线系统项目教学的需要。

本书可作为职业院校计算机网络相关专业的教材，也可作为网络综合布线行业技术人员的参考用书，同时还可作为全国、省级技能大赛的指导用书。

本书配有电子课件，读者可到www.cmpedu.com以教师身份免费注册下载，或联系编辑（010-88379194）咨询。

图书在版编目（CIP）数据

网络综合布线系统设计与实训 / 姚强主编． —北京：机械工业出版社，2011.6（2023.1 重印）

"工学结合、校企合作"课程改革系列教材．全国职业院校技能大赛计算机类项目辅导用书

ISBN 978-7-111-34490-2

Ⅰ．①网… Ⅱ．①姚… Ⅲ．①计算机网络-布线-高等职业教育-教材 Ⅳ．① TP393.03

中国版本图书馆 CIP 数据核字（2011）第 131235 号

机械工业出版社（北京市百万庄大街22号　邮政编码100037）
策划编辑：梁　伟　　责任编辑：梁　伟　关晓飞
封面设计：鞠　杨　　责任印制：李　昂

北京捷迅佳彩印刷有限公司印刷
2023 年 1 月第 1 版·第 11 次印刷
184mm×260mm・13.25 印张・316 千字
标准书号：ISBN 978-7-111-34490-2
定价：45.00 元

电话服务　　　　　　　　网络服务
客服电话：010-88361066　　机　工　官　网：www.cmpbook.com
　　　　　010-88379833　　机　工　官　博：weibo.com/cmp1952
　　　　　010-68326294　　金　书　网：www.golden-book.com
封底无防伪标均为盗版　　机工教育服务网：www.cmpedu.com

前　言

随着网络技术的不断发展，社会对网络综合布线人才的需求也与日俱增。社会需要的不仅仅是熟练的操作技能，更要培养现场施工应变能力，以及对施工工艺和工程监理所反映的一定水平的理论知识和设计能力。"会设计、会施工、会监理、会验收"是网络综合布线技术的培养目标。本书针对职业岗位、典型工作任务进行能力分解，确定知识点与核心能力，淡化可以在工作岗位中短期就可培养的技能，重点加强网络综合布线工程设计、安装维护、测试监理核心能力的培养。本书围绕网络综合布线系统设计与技能实训展开，通过引入实际工程中的案例详细介绍了设计、施工、测试、验收过程，并提供了设计样图，突出了项目设计和岗位核心能力训练。

本分共分7章，其中第一章主要介绍网络综合布线系统的结构、传输介质、端接设备、桥架和管道、布线辅材等内容。第二章主要介绍网络综合布线系统图例、各子系统的设计、标签及设备编号的设计等内容。第三章主要介绍施工工具、桥架和管道施工、双绞线布线施工、光缆布线施工、双绞线端接技术、布线系统的捆扎与整理技术。第四章详细介绍了测试标准、电缆传输系统的测试、光缆传输通道的测试。第五章介绍了网络综合布线系统的验收标准与原则，验收的方法、内容和过程，工程交接。第六章通过一项具体工程项目详细介绍设计过程并提供样图，主要包括设计施工说明、系统图设计、平面施工图设计、信息点数量统计、机柜设备安装及打线图、设备清单及预算、标签设计与制作、信息点端口对应表及施工进度表、竣工验收资料编写等内容。第七章借助实训设备进行模拟实训，主要包括项目设计、设备安装与永久链路测试、线路端接实训、竣工资料编写等内容，并提供了实训项目的评分标准。

本书可作为大学、职业院校、企业培训机构网络综合布线系统教材，也可作为网络综合布线行业、智能化建筑行业等专业技术人员参考书，同时还可作为全国、省级技能大赛指导用书。

本书由姚强主编，邹志伟、钱华、马吉华、王钦国、纪伟娟合作参与编写。其中，第一章由钱华编写，第二章由马吉华编写，第三章由邹志伟编写，第四章由王钦国编写，第五章由纪伟娟编写，第六章由姚强编写，第七章由姚强、邹志伟编写。在本书编写过程中还得到了江苏技术师范学院吴访升教授、韩红章等老师的大力支持和指导。

由于水平有限，书中错误和不妥之处在所难免，请读者批评指正！

编　者

目 录

前言

第一章 综合布线系统器材介绍 ... 1
1.1 综合布线系统概述 ... 1
1.2 综合布线系统的结构 ... 3
1.3 传输介质 ... 8
1.4 端接设备 ... 20
1.5 桥架和管道 ... 28
1.6 布线辅材 ... 32
1.7 综合布线系统产品介绍 ... 35

第二章 综合布线系统设计技术 ... 40
2.1 绘图工具软件介绍 ... 40
2.2 综合布线系统图例 ... 42
2.3 局域网拓扑结构 ... 44
2.4 综合布线系统各子系统的设计 ... 45
2.5 标签及设备编号的设计 ... 69

第三章 综合布线系统施工技术 ... 73
3.1 施工工具介绍 ... 73
3.2 桥架和管道施工 ... 78
3.3 双绞线布线施工 ... 80
3.4 光缆布线施工 ... 83
3.5 双绞线端接 ... 85
3.6 布线系统的捆扎与整理 ... 92
3.7 标签制作及粘贴 ... 94

第四章 综合布线系统测试 ... 95
4.1 测试标准 ... 95
4.2 电缆传输系统的测试 ... 96
4.3 光缆传输通道的测试 ... 112

第五章 综合布线系统工程验收 ... 119
5.1 验收的标准和原则 ... 119
5.2 验收的方法、内容和过程 ... 121
5.3 工程交接 ... 126

第六章 综合布线系统设计案例 ... 137
6.1 项目介绍 ... 137

目　　录

6.2　设计施工说明 138
6.3　系统图设计 138
6.4　平面施工图设计 138
6.5　信息点数量统计表 145
6.6　机柜设备安装及打线图 145
6.7　设备清单及预算 146
6.8　标签设计与制作 153
6.9　信息点端口对应表 157
6.10　施工进度表 158
6.11　施工现场管理 159
6.12　竣工验收资料 163

第七章　综合布线系统模拟实训

7.1　模拟项目介绍 166
7.2　模拟项目设计 169
7.3　设备安装与永久链路测试 177
7.4　线路端接实训 190
7.5　4组回路的端口对应表 196
7.6　6组回路的端口对应表 197
7.7　竣工资料 199
7.8　项目评分标准 201

参考文献 205

第一章 综合布线系统器材介绍

本章要点

- 综合布线系统的发展历程与特点
- 综合布线系统的结构
- 综合布线中常用的传输介质
- 主要的端接设备
- 桥架和管道
- 综合布线产品

本章概述

随着计算机网络在世界范围内普及，网络布线系统的性能、兼容性、开放性、可靠性、可安装性、前瞻性和较好的经济性已经成为网络布线必须认真考虑的因素，结构化综合布线系统就应运而生了。综合布线系统是一种模块化的、灵活性极高的建筑物内或建筑群之间的信息传输通道。它既能使语音、数据、图像设备和交换设备与其他信息管理系统彼此相连，也能使这些设备与外部相连接。本章从综合布线系统的发展开始讲起，然后介绍了综合布线系统的特点、组成综合布线系统的六大部分，还介绍了综合布线中常用的传输介质、主要的端接设备、布线用桥架和管道，最后对国内外常用综合布线产品及其特点进行了介绍。

1.1 综合布线系统概述

1.1.1 综合布线系统的发展历程与特点

随着全球社会信息化与经济国际化的深入发展，人们对信息共享的需求日趋迫切，就需要一个适合信息时代的布线系统。美国电话电报（AT&T）公司贝尔（Bell）实验室的专家们经过多年的研究，在办公楼和工厂试验成功的基础上，于20世纪80年代末率先推出了SYSTIMATMPDS（建筑与建筑群综合布线系统），现在已推出结构化布线系统（SCS），经中华人民共和国国家标准GB/T 50311—2000《建筑与建筑群综合布线系统工程验收规范》命名为综合布线系统。

综合布线系统是一种模块化的、灵活性极高的建筑物内或建筑群之间的信息传输通道。它既能使语音、数据、图像设备和交换设备与其他信息管理系统彼此相连，也能使这些设备与外部相连接。它还包括建筑物外部网络或电信线路的连接点与应用系统设备之间的所有线缆及相关的连接部件。综合布线系统由不同系列和规格的部件组成，主要包括传输介质、相关连接硬件（如配线架、连接器、信息插座、适配器）以及电气保护设备等。这些部件可用来构建各种子系统，它们都有各自具体的用途，不仅易于实施，而且能随需求的变化而平稳升级。

综合布线系统与智能化大厦的发展紧密相关，是智能化大厦实现的基础。智能化大厦一般包括楼宇控制系统（BA）、办公自动化系统（OA）、通信自动化系统（CA）、消防自动化系统（FA）、安保自动化系统（SA）。综合布线系统犹如智能化大厦内的一条高速公路，是智能化大厦线路的"神经系统"。

综合布线技术是从电话预布线技术发展起来的，经历了非结构化布线系统到结构化布线系统的过程。综合布线同传统的布线相比较，具有以下优点：

1）结构清晰，便于管理和维护。
2）材料具有先进性，适应今后的发展需要。
3）灵活性强，适应各种不同的需要。
4）便于扩充，节省费用，提高了系统的可靠性。

GB 50311—2007《综合布线系统工程设计规范》中规定，综合布线系统的结构可分为工作区子系统、水平子系统、管理间子系统、垂直子系统、设备间子系统、进线间子系统、建筑群子系统 7 个部分，如图 1-1 所示。

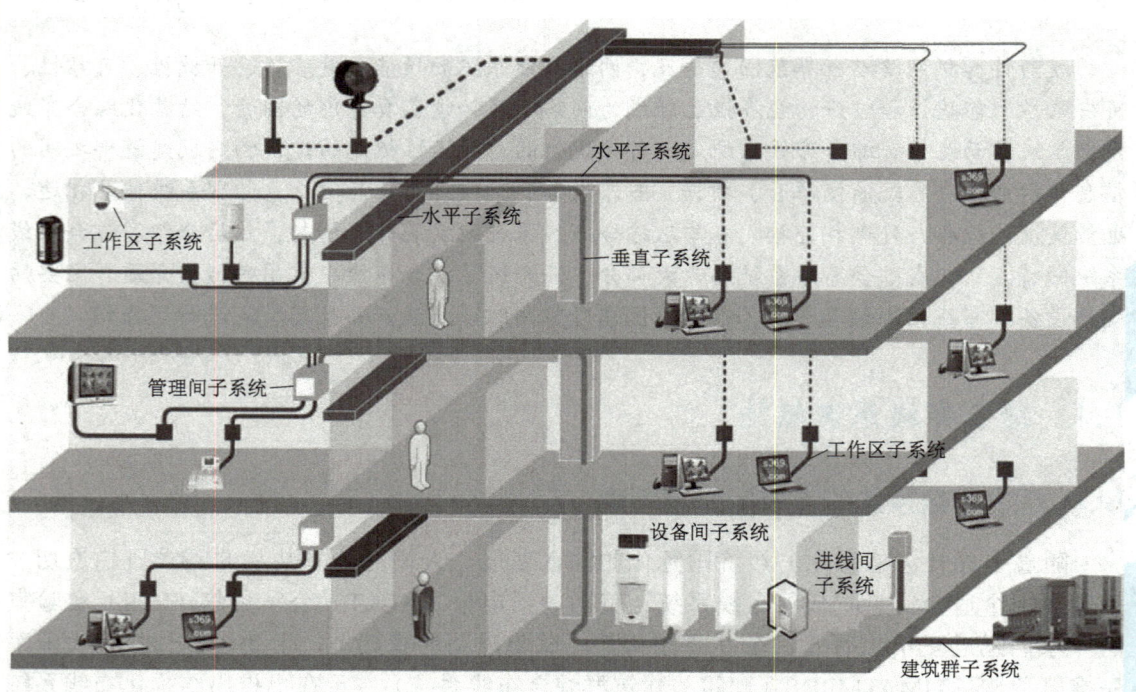

图 1-1　综合布线系统的结构（7 部分）

第一章 综合布线系统器材介绍

1）工作区子系统：一个独立的需要设置终端设备（TE）的区域宜划分为一个工作区。工作区由信息插座（TO）模块延伸到终端设备处的连接缆线及适配器组成。

2）水平子系统：由工作区的信息插座模块、信息插座模块至管理间（FD）的水平电缆或光缆等组成。

3）管理间子系统：由从水平子系统引伸至管理间的电缆或光缆、垂直子系统的电缆或光缆、配线架，理线器、跳线等设备组成，对电缆或光缆进行管理与配线。

4）垂直子系统：由管理间至设备间的干线电缆和光缆组成。

5）设备间子系统：设备间是在每幢建筑物的适当地点进行网络管理和信息交换的场地。对于综合布线系统工程设计，设备间主要安装建筑物配线设备。电话交换机、计算机主机设备及入口设施也可与配线设备安装在一起。

6）进线间子系统：进线间是建筑物外部通信和信息管线的入口部位，并可作为入口设施和建筑群配线设备的安装场地。

7）建筑群子系统：由连接多个建筑物之间的主干电缆和光缆、建筑群配线设备（CD）及设备缆线和跳线组成。

为了教学和实训需要，同时兼顾大部分图书中综合布线系统按照 6 大子系统划分的习惯，本书将综合布线按照 6 大子系统介绍，即工作区子系统、水平子系统、管理间子系统、垂直子系统、设备间子系统、建筑群子系统（包括进线间子系统）。

1.1.2 综合布线系统标准

综合布线系统自问世以来已经历了二十多年的历史，这期间，随着信息技术的发展，布线技术也在不断推陈出新。为了统一、管理综合布线系统，很多组织制定了相应的规范。国际标准化委员会（ISO/IEC）、欧洲标准化委员会（CENELEC）和北美的工业技术标准化委员会（TIA/EIA）都在努力制定更新的标准，以满足技术和市场的需求。

目前，各国生产的综合布线系统产品较多，其产品的设计、制造、安装和维护中所遵循的基本标准主要有两种：一种是美国标准 ANSI/EIA/TIA 568A/B《商务建筑电信布线标准》，ANSI/TIA/EIA 568 A1～A5，以及 ANSI/TIA/EIA 568B.1～B.3；另一种是 ISO/IEC 11801《信息技术——用户建筑群综合布线》。

2007 年，原建设部出台了 GB 50311—2007《综合布线系统工程设计规范》和 GB 50312—2007《综合布线系统工程验收规范》，这两个国家标准规范了国内综合布线施工和测试技术要求，为网络的迅速发展和普及起到了积极的作用。

1.2 综合布线系统的结构

所谓综合布线系统，是指按标准的、统一的和结构化的方式设计并实施的各种建筑物（或建筑群）内各种系统的通信线路。综合布线系统分为 6 个子系统，即工作区子系统、水平子系统、管理间子系统、垂直子系统、设备间子系统和建筑群子系统，其结构如图 1-2 所示。

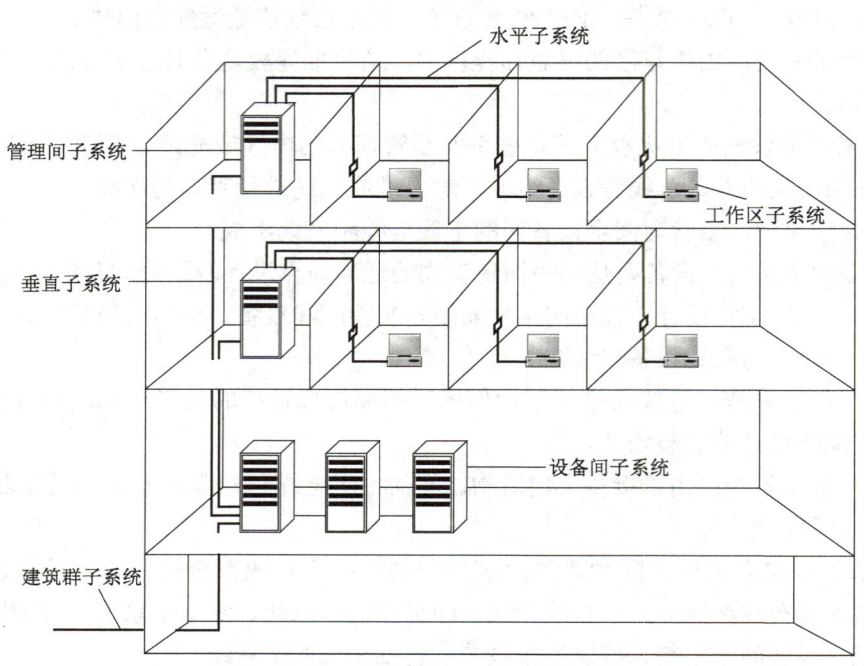

图1-2 综合布线系统的结构（6部分）

综合布线系统网络链路的结构如图1-3所示。

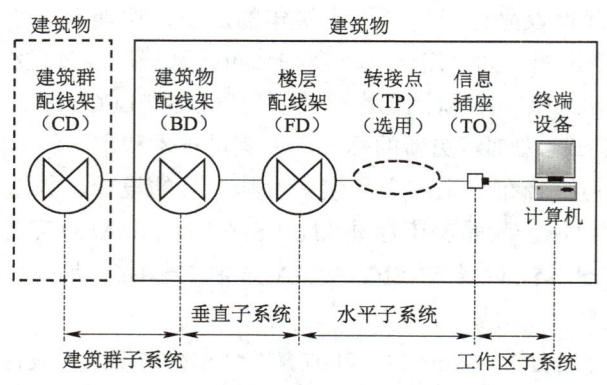

图1-3 网络链路的结构

1.2.1 工作区子系统

　　工作区是包括办公室、写字间、作业间、机房等需要电话、计算机或其他终端设备（如网络打印机、网络摄像头等）等设施的区域和相应设备的统称。工作区子系统（Work Area Subsystem）处于用户终端设备（如电话、计算机、打印机等）和水平子系统的信息插座之间，起着桥梁的作用。该子系统由终端设备至信息插座的连接器件组成（见图1-4），包括跳线、连接器或适配器等，可实现用户终端与网络的有效连接。

4

第一章　综合布线系统器材介绍

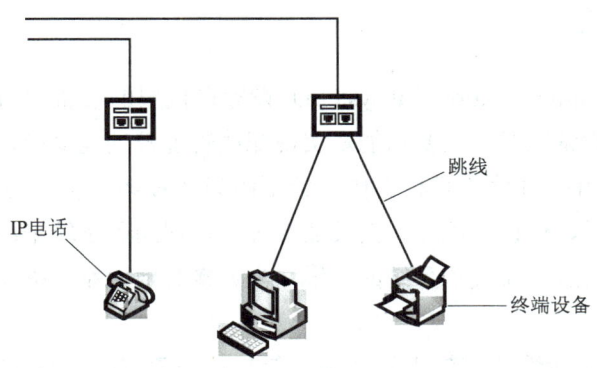

图 1-4　工作区子系统

根据综合布线系统设计要求，在每个信息插座旁边要求有一个电源插座，以备计算机或其他有源设备使用，且信息插座与电源插座水平间距不得小于 20cm。墙上型信息插座，通常安装在离地面 30cm 处。

1.2.2　水平子系统

水平子系统（Horizontal Subsystem）是局限于同一楼层的布线系统，指每个楼层配线架至工作区信息插座之间的线缆、信息插座、转接点及配套设施组成的系统。水平线缆的一端与管理子系统（每个配线间的配线设备）相连，另一端与工作区子系统的信息插座相连，以便用户通过跳线连接各种终端设备，实现与网络的连接。水平子系统如图 1-5 所示。

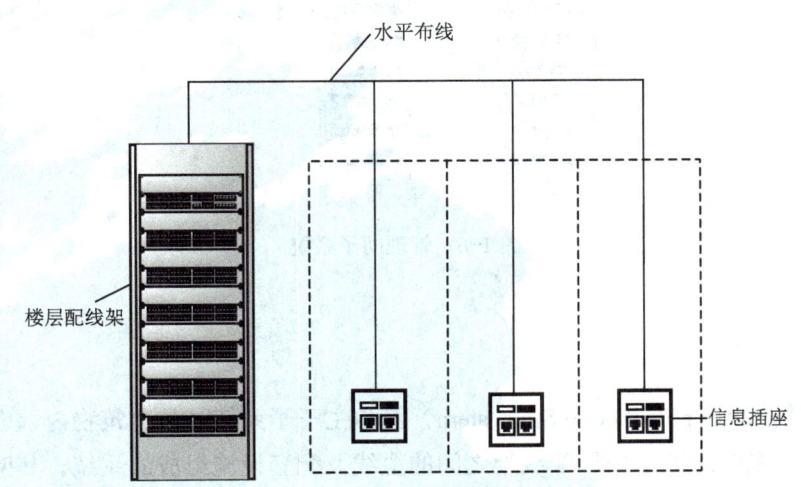

图 1-5　水平子系统

水平子系统通常由超五类或六类 4 对非屏蔽双绞线组成，连接至本层配线间的配线柜内。当然，根据传输速率或传输距离的需要，也可以采用多模光纤。水平子系统应当按楼层各工作区的要求设置信息插座的数量和位置，设计并布放相应数量的水平线路。为了简化施工程序，水平子系统的管路和缆线的设计和施工最好与建筑同步进行。

5

1.2.3 管理间子系统

管理间子系统（Administration Subsystem）设置在楼层的设备间内，由配线架、接插软线和理线器、机柜等设备组成，主要功能是实现配线管理及功能变换，连接水平子系统和垂直子系统。其管理是指针对设备间和工作区的配线设备和缆线按一定的规则进行标志和记录，内容包括管理方式、标识、色标、交叉连接等。管理间子系统采用交连和互连等方式，管理垂直电缆和各楼层水平布线子系统的电缆，为连接其他子系统提供连接手段。管理间子系统如图1-6所示。

综合布线系统的灵活性和优势主要体现在管理间子系统上。管理间子系统采用单跳线方式，使用双绞线或光纤软线跳线实现网络设备与跳线板之间的跳接。只要简单地跳一下线，就可以完成结构化布线的信息插座对系统的连接。"一插一拔"，既方便、稳定，又便于管理，所有切换、更改、扩展和线路维护，均可在配线柜内迅速完成，极大地方便了线路重新布置和网络终端连接的调整。

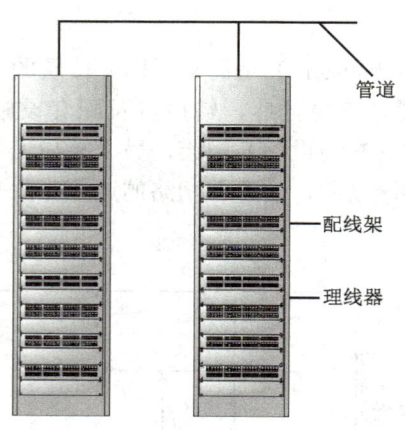

图1-6 管理间子系统

1.2.4 垂直子系统

垂直子系统（Riser Backbone Subsystem）又称主干子系统，是建筑物内综合布线系统的主干部分，指从主配线架至楼层配线架之间的缆线及配套设施组成的系统。其两端分别敷设到设备间子系统或管理间子系统，以及各个楼层水平子系统引入口处或楼层配线架设备之间连接的线缆，提供各楼层电信室、设备室和引入口设施之间的互连，实现主配线架与楼层配线架的连接。垂直子系统如图1-7所示。

通常情况下，垂直布线可采用大对数超五类双绞线或光缆。垂直子系统的线缆通常设在专用的弱电竖井内。

第一章 综合布线系统器材介绍

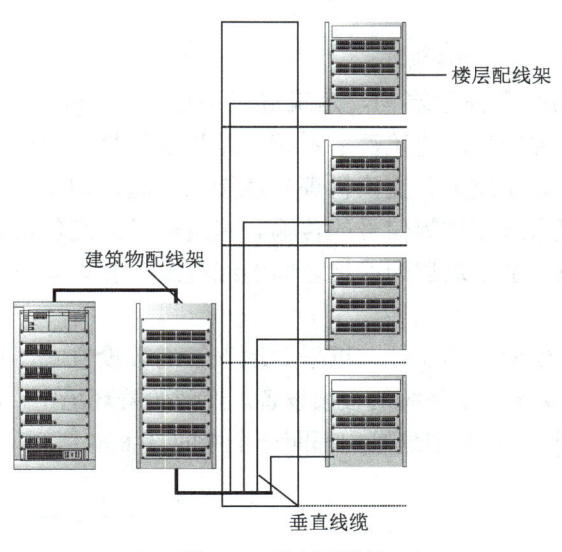

图 1-7 垂直子系统

1.2.5 设备间子系统

设备间是一个安放共用通信装置的场所，是通信设施和配线设备所在地，也是线路管理的集中点。设备间子系统由引入建筑的线缆、各种公共设备（如计算机主机、各种控制系统、网络互连设备、监控设备）和其他连接设备（如主配线架）等组成，把建筑物内公共系统需要相互连接的各种不同设备集中连接在一起，完成各个楼层水平子系统之间的通信线路调配、连接和测试，并建立与其他建筑物的连接，形成对传输的通道。

设备间子系统（Equipment Room Subsystem）是建筑物中电信设备和计算机网络设备，以及建筑物配线架设备安装的地点，同时也是网络管理的场所，由设备间电缆及连接器和相关支撑硬件组成，将公用系统设备的各种不同设备连接在一起。设备间子系统如图 1-8 所示。

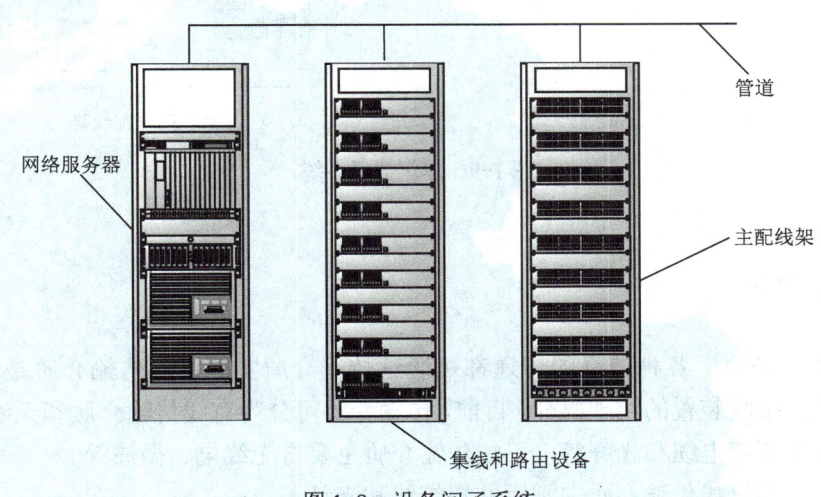

图 1-8 设备间子系统

1.2.6 建筑群子系统

大中型网络中都拥有多栋建筑物，建筑群子系统（Campus Backbone Subsystem）用于实现建筑物之间的各种通信。建筑群子系统，是指建筑物之间使用传输介质（电缆或光缆）和各种支持设备（如配线架、交换机等）连接在一起，构成一个完整的系统，实现彼此之间语音、数据、图像或监控等信号的传输。建筑群子系统包括建筑物间的主干布线及建筑物中的引入口设施，由建筑群配线架之间的线缆及配套设施组成。建筑群子系统如图1-9 所示。

通信电路多采用多模或单模光纤，可采取地下管道敷设方式，也可采用悬挂方式。线缆的两端分别是两幢建筑物的子系统的接续设备。在建筑群环境中，除了需在某个建筑物内建立一个主设备室外，还应在其他建筑内都配一个中间设备室。

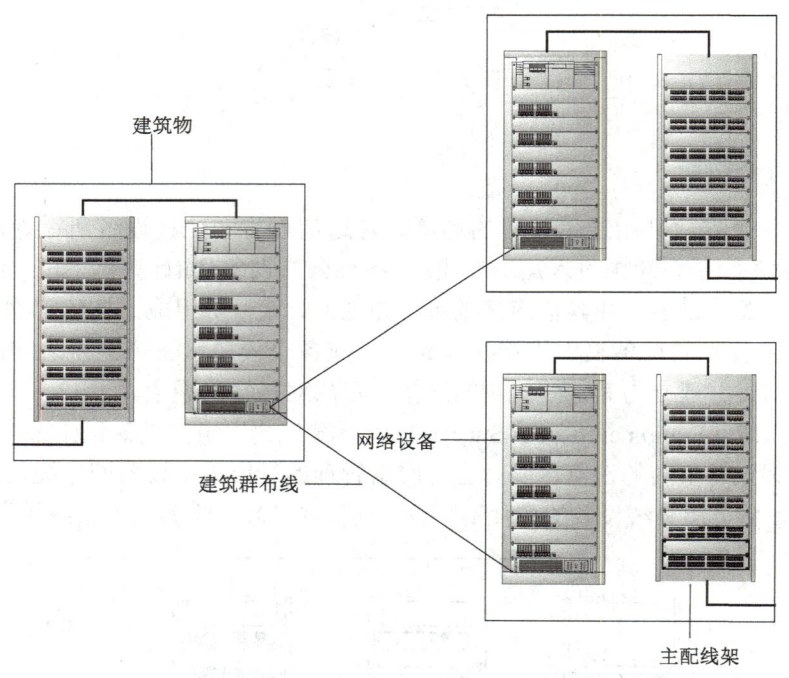

图 1-9 建筑群子系统

1.3 传输介质

综合布线系统中，各种信息的传递都是通过传输介质实现的，传输介质是连接网络系统中发送装置和接收装置的物理媒介。目前，传输介质可分为有线传输介质和无线传输介质。有线传输介质主要有电缆和光纤等，无线传输介质主要是无线电、微波等。

本节主要介绍有线传输介质中常用的双绞线和光纤。

第一章 综合布线系统器材介绍

1.3.1 双绞线

1. 非屏蔽双绞线与屏蔽双绞线

双绞线（Twisted Pair，TP）是一种综合布线工程中最常用的传输介质。双绞线由两根具有绝缘保护层的铜导线组成，把两根具有绝缘保护层的铜导线按一定节距互相绞在一起，可降低信号干扰的程度，每一根导线在传输中辐射出来的电波会被另一根线上发出的电波抵消。如果把一对或多对双绞线放在一个绝缘套管中便成了双绞线电缆。与光缆相比，双绞线在传输距离、信道宽度和数据传输速度等方面均受到一定限制，但价格较为低廉。

采用双绞线的局域网的带宽取决于所用导线的质量、长度及传输技术。只要精心选择和安装双绞线，就可以在有限距离内达到每秒几百万位的可靠传输速率。当距离很短，并且采用特殊的电子传输技术时，传输速率可达 100～155Mbit/s。目前，双绞线可分为非屏蔽双绞线（UTP）（见图 1-10）和屏蔽双绞线（STP）（见图 1-11）。屏蔽双绞线电缆的外层由铝箔包裹着，它的价格相对要高一些。

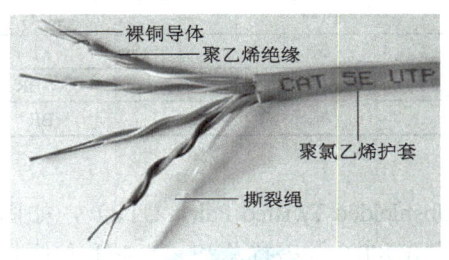
图 1-10 非屏蔽双绞线

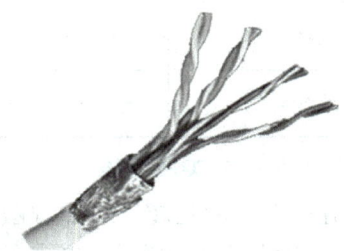
图 1-11 屏蔽双绞线

综合布线使用的双绞线的种类如图 1-12 所示。

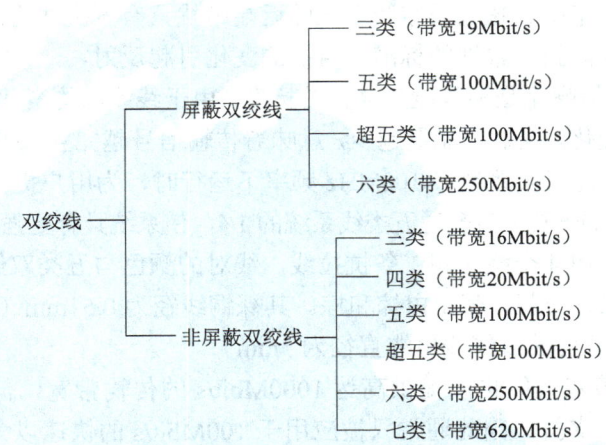
图 1-12 双绞线的种类

（1）非屏蔽双绞线电缆的优点

非屏蔽双绞线电缆的优点：无屏蔽外套，直径小，节省所占用的空间；质量小，易弯曲，易安装；将串扰减至最小或加以消除；具有阻燃性。

（2）双绞线的绞距

在双绞线电缆内，不同线对具有不同的绞距。一般地说，4对双绞线的绞距在38.1mm长度内，按逆时针方向扭绞，一对线对的扭绞长度在12.7mm以内。

（3）色标区分

非屏蔽双绞线电缆用色标来区分不同的线，计算机网络系统中常用的4对电缆有4种本色：蓝色、橙色、绿色和棕色。每条线或以本色配白色条纹或斑点进行标记，或以白色配以其他色的条纹或斑点进行标记。色标也称为色带标志，条纹标志也称为色基标志。表1-1为常见的4对非屏蔽双绞线的颜色编码。

表1-1 常见的4对非屏蔽双绞线的颜色编码

线　对	编　号	颜色编码	简　写
线对1	1	白蓝	W-BL
	2	蓝	BL
线对2	3	白橙	W-O
	4	橙	O
线对3	5	白绿	W-G
	6	绿	G
线对4	7	白棕	W-BR
	8	棕	BR

2. 超五类、六类双绞线

"超五类"指的是超五类非屏蔽双绞线（Unshielded Twisted Pair，UTP），如图1-13所示。与五类电缆相比，超五类电缆在近端串扰（NEXT）、串扰总和、衰减和信噪比（SRL）4个主要指标上都有较大的改进。近端串扰是决定链路传输性能的一个重要指标。近端串扰是指在非屏蔽双绞线电缆链路中一对线与另一对线之间因信号耦合效应而产生的串扰，有时它也被称为线对间近端串扰。超五类布线系统的近端串扰只有五类线系统要求的1/8。

信噪比是衡量线缆阻抗一致性的标准。阻抗的变化引起反射，一部分信号的能量被反射到发送端，形成噪声。信噪比是测量能量变化的标准，由于线缆结构变化而导致的阻抗变化，使得信号的能量发生变化。反射的能量越少，意味着传输信号越完整，在线缆上的噪声越小。比起普通五类双绞线，超五类系统在100MHz频率下运行时，为用户提供8dB近端串扰的冗余量，用户的设备受到的干扰只有普通五类线系统的1/4，使系统具有更强的独立性和可靠性。

超五类双绞线也采用4个绕对和1条抗拉线，线对的颜色与五类双绞线完全相同，分别为白橙、橙、白绿、绿、白蓝、蓝、白棕和棕。其裸铜线径为0.51mm（线规为24AWG），绝缘线径为0.92mm，非屏蔽双绞线电缆直径为5mm。

虽然超五类非屏蔽双绞线也能提供高达1000Mbit/s的传输带宽，但是往往需要借助于价格高昂的特殊设备的支持，因此通常只被应用于100Mbit/s的快速以太网，实现桌面交换机到计算机的连接。

"六类"是指六类非屏蔽双绞线，如图1-14所示。六类非屏蔽双绞线的各项参数比五类双绞线都有大幅提高，带宽也扩展至250MHz或更高。六类双绞线在外形和结构上与五类或超五类双绞线都有一定的差别，不仅增加了绝缘的十字骨架，将双绞线的4对线分别置于十字骨架的4个凹槽内，而且电缆的直径也更粗。

第一章 综合布线系统器材介绍

图 1-13 超五类非屏蔽双绞线

图 1-14 六类非屏蔽双绞线

电缆中央的十字骨架随长度的变化而旋转角度,将 4 对双绞线卡在骨架的凹槽内,保持 4 对双绞线的相对位置,提高电缆的平衡特性和串扰衰减;另外,保证在安装过程中电缆的平衡结构不遭到破坏。六类非屏蔽双绞线的裸铜线径为 0.57mm(线规为 23AWG),绝缘线径为 1.02mm。

六类非屏蔽双绞线虽然价格较高,但由于与超五类布线系统具有非常好的兼容性,且能够非常好地支持 1000Base-T,所以正慢慢成为综合布线的新宠。

综合布线常用线缆如图 1-15 所示。

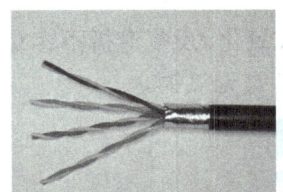

超五类 4 对屏蔽双绞线电缆

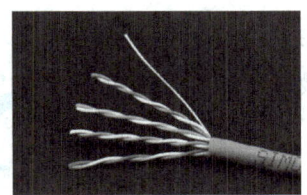

超五类 4 对非屏蔽双绞线电缆

超五类 4 对非屏蔽跳线

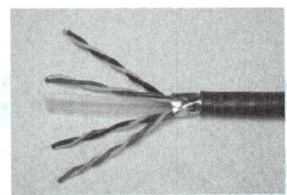

六类 4 对屏蔽双绞线电缆

六类 4 对非屏蔽双绞线电缆

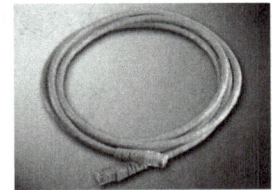

六类 4 对非屏蔽跳线

图 1-15 综合布线常用线缆

3. 如何判断双绞线电缆的质量

(1) PVC 护套

拿住一条数据线缆,首先看到的是它的护套,好的线缆护套表面都很光滑,无孔洞、裂纹、气泡等缺陷,并且厚度均匀。颜色以浅色较多,因为材料差时用浅色套管很难做出在套管上标注线长、型号等参数的清晰字样。把线缆扭折,然后还原,看线缆有没有变形,如果能还原,则证明该电缆质量是上等的,并且还能够轻松地利用非金属撕裂绳把护套剥开。折弯线缆,如果护套在弯折处不发白或轻微发白,就是好的护套材料,发白越厉害材料越差。好的材料有一定的韧性,不容易断,也不容易撕破。护套的材料直接关系到布线系统的使用寿命,如果不好的护套层经过一段时间就老化或开裂变硬变脆,也就失去了它的保护作用。

（2）线缆绞对

线缆的绞对是一个关键的工序，它对张力的要求和绞对的稳定性非常严格，不是一般的线缆制造设备就能解决的，它直接影响回波损耗和串扰的性能，所以绞线质量不可忽视。剥开护套，应该看到数据线缆绞线紧凑均匀，相邻线对间有一定的绞距差（以橙色线对绞距最密，蓝色和棕色线对绞距最稀），对提高抗串扰性有相当大的作用。如果相邻线缆的绞距没有变化，则串扰性肯定是比较大的。另外，紧凑的绞线可以让线缆弯折时对绞线绞距不会产生影响，这样在布线过程中数据线缆的结构就不会改变，保证了线缆的性能不受影响。

（3）绝缘层

从绝缘层来看，优质的材料会令其颜色鲜艳，表面光滑；如果材料不好，在加工过程中由于受热或塑化不好，颜色会变暗或表面变粗糙。为了工程上的方便，线缆的无色线上一般加色环或色带。绝缘应该有很好的延伸度，当轻轻从导体上剥出一段绝缘，导体与绝缘之间的剥离强度，以不紧不松为好；将剥出的绝缘用手轻轻拉长，如果拉得很长而不断，证明其有很好的延展性。当剪断线缆时还可以看绝缘有没有回缩，如果材料很好且制造过程中张力控制得很好，绝缘层是不会回缩的，也就是说铜导体是不会伸出来的。

（4）铜芯导体

剥去绝缘后，好的线缆应该能看到导体表面光滑明亮，无斑点、氧化，反复弯折不容易断。如果发脆，则铜线的材料不好。最好的铜材是低氧铜，国内用的都是无氧铜。

1.3.2 大对数电缆

大对数电缆可分为 25 对、50 对、100 对等多种，大对数电缆一般用于垂直干线子系统中。五类大对数非屏蔽双绞线电缆如图 1-16 所示。

图 1-16 五类大对数非屏蔽双绞线电缆

大对数电缆端接时应注意其色序，25 对以上的电缆其线对数均为 25 的倍数，如 50 对、100 对、300 对，所以每组 25 对里面的着色顺序是完全一样的，只要找到方法区分不同组的颜色就可以了。区分方法如下：先看主色（白、红、黑、黄、紫），再看副色（蓝、橙、绿、棕、灰），将主副色按照顺序两两搭配，就形成了 25 对颜色编码。25 对大对数电缆的线对色标见表 1-2。

第一章 综合布线系统器材介绍

超过 25 对的大对数电缆,每 25 对的线束组用彩色的标记条捆扎。这些标记条仍按照熟悉的色标顺序:白蓝、白橙、白绿、白棕、白灰……也就是再按 25 对色标顺序循环,这样不管有多少线对的电缆都可以不需重复地对其进行标识了。这种色标顺序在 110 配线架系统中广泛应用。

表 1-2 25 对大对数电缆的线对色标

	色 标	
	端 部	环 箍
1	白	蓝
2	白	橙
3	白	绿
4	白	棕
5	白	灰
6	红	蓝
7	红	橙
8	红	绿
9	红	棕
10	红	灰
11	黑	蓝
12	黑	橙
13	黑	绿
14	黑	棕
15	黑	灰
16	黄	蓝
17	黄	橙
18	黄	绿
19	黄	棕
20	黄	灰
21	紫	蓝
22	紫	橙
23	紫	绿
24	紫	棕
25	紫	灰

1.3.3 光纤与光缆

1. 光纤

(1)什么是光纤

光纤是指使用玻璃纤维传输光脉冲形式的数据传输介质。玻璃纤维外包有一层涂料,称为包层，光信号在玻璃纤维内以全反射方式传递。光纤的基本结构如图 1-17 所示。由于纤芯质地脆、易断裂，因此须在外面加一层保护层。光纤作为网络主要传输介质，具有较强的抗电磁干扰性、较高的传输速率、较长的传输距离和更好的安全性。

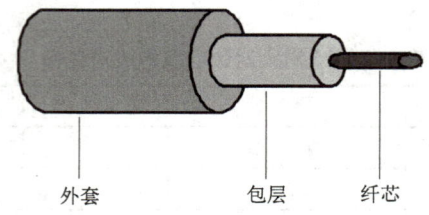

图 1-17　光纤的基本结构

（2）光纤通信系统

光纤通信系统是以光波为载体、以光导纤维为传输介质的通信方式，起主导作用的是光源、光纤、光发送机和光接收机。其基本构成如图 1-18 所示。

光源：光波产生的根源。有两种光源可被用作信号源，即发光二极管（LED）和半导体激光管（ILD）。其中，LED 成本较低，而激光二极管可获得很高的数据传输率和较远的传输距离。

光纤：传输光波的导体。

光发送机：负责产生光束，将电信号转变成光信号，再把光信号导入光纤。

光接收机：负责接收从光纤上传输过来的光信号，并将它转变成电信号，经解码后再作相应处理。

图 1-18　光纤通信系统的基本构成

（3）光纤的分类与使用

根据不同的标准，光纤可作不同的分类。综合布线中应用最多的是多模光纤（Multi Mode Fiber）和单模光纤（Single Mode Fiber）。其中，单模光纤被应用于楼宇之间的连接，多模光纤则被应用于交换机之间以及交换机与服务器之间的连接。

● 单模光纤

单模光纤的纤芯直径很小，在给定的工作波长上只能以单一模式传输，传输频带宽，传输容量大。光信号可以沿着光纤的轴向传播，因此光信号的损耗很小，离散也很小，传播的距离较远。单模光纤的 PMD 规范建议芯径为 8～10μm，包括包层的直径为 125μm。

单模光纤的纤芯较细，使光线能够直接发射到中心，建议距离较长时采用。另外，单模光纤信号的距离损失比多模光纤小。在头 900m 的距离下，多模光纤可能损失其 LED 光信号强度的 50%，而单模光纤在同样距离下只损失其激光信号的 6.25%。单模光纤的带宽潜力使其成为高速和长距离数据传输的最佳选择。

● 多模光纤

多模光纤是在给定的工作波长上，能以多个模式同时传输的光纤。多模光纤的纤芯直径

第一章　综合布线系统器材介绍

一般为 50～200μm，而包层直径的范围为 125～230μm。综合布线中用的纤芯直径为 62.5μm，包层直径为 125μm，也就是通常所说的 62.5。与单模光纤相比，多模光纤的传输性能相对来说差些。多模光纤中光信号通过多个通路传播，通常建议在距离低于 550m 时应用。

多模光纤多用于传输速率相对较低、传输距离相对较短的网络中，如局域网等，这类网络中通常具有节点多、接头多、弯路多，而且连接器、耦合器的用量大，单位光纤长度使用光源个数多等特点，使用多模光纤可以有效地降低网络成本。单模光纤多用于传输距离长、传输速率相对较高的线路中，如长途干线传输、城域网建设等。

单模光纤相比于多模光纤可支持更长传输距离，无论在 100Mbit/s 的以太网甚至 1G 千兆网，单模光纤都可支持超过 5000m 的传输距离。从成本角度考虑，由于光端机非常昂贵，故采用单模光纤的成本会比多模光纤的成本高。

2. 光缆

光导纤维是一种传输光束的细而柔韧的媒质。光缆由一捆纤维组成。光纤是光缆的核心部分，光纤经过一些构件及其附属保护层的保护就构成了光缆。

（1）光缆的组成和特点

光缆一般由缆芯、加强元件和护层三部分组成。缆芯由单根或多根光纤芯线组成，有紧套和松套两种结构，紧套光纤又有二层和三层两种结构；加强元件用于增强光缆敷设时可承受的负荷，一般是金属丝或非金属纤维；护层具有阻燃、防潮、耐压、耐腐蚀等特性，主要是对已成缆的光纤芯线进行保护，根据敷设条件可由聚乙烯护层、聚氯乙烯护层、铝带、钢带护层等组成。光缆是数据传输中效率最高的一种传输介质，它有以下特点：

1）频带较宽，电磁绝缘性能好。光纤电缆中传输的是光束，由于光束不受外界电磁干扰与影响，而且本身也不向外辐射信号，因此它适用于长距离的信息传输以及要求高度安全的场合。

2）衰减较小，可以说在较长距离和范围内信号强度是一个常数。

3）中继器的间隔较大，因此可以减少整个通道中继器的数目，降低成本。

（2）光缆的类别及选用

- 单模光缆和多模光缆

从性能上来看，多模光缆传输速率低、传输距离短，整体的传输性能较差，但成本低，一般用于建筑物内或地理位置相邻的环境中，即水平布线系统和垂直布线系统。单模光缆的纤芯相对较细，传输频带宽、容量大，传输距离长，但需激光源，成本较高，通常用于建筑物之间（即建筑群布线系统）的网络连接。单模光缆和多模光缆如图 1-19 所示。

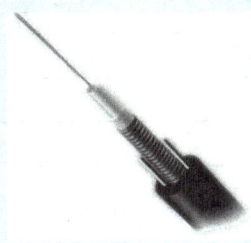
单模光缆

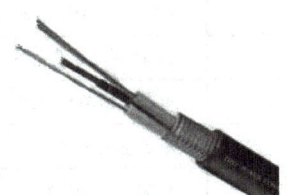
多模光缆

图 1-19　单模光缆和多模光缆

单模光缆与多模光缆的特性比较见表1-3。

表1-3 单模光缆与多模光缆的特性比较

单 模 光 缆	多 模 光 缆
用于高速、长距离场合	用于低速、短距离场合
成本高	成本低
窄芯线，需要激光源	宽芯线，聚光好
耗散极小，高效	耗散大，低效

- 室内光缆与室外光缆

室内光缆的抗拉强度较小，保护层较差，但也更轻便、更经济，具有易弯曲，能在墙角等狭窄处使用，耐火阻燃、抗拉、柔软等特点。室内光缆主要适用于水平布线子系统和垂直主干子系统。多芯室内光缆及其剖面如图1-20所示。常见室内光缆见表1-4。

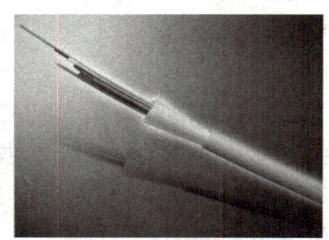 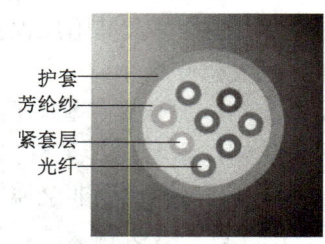

图1-20 多芯室内光缆及其剖面图

表1-4 常见室内光缆

序 号	光 缆 名 称
1	单芯室内多模光缆（50μm/125μm）
2	单芯室内多模光缆（50μm/125μm，2.0）
3	双芯室内多模光缆（50μm/125μm，2.0）
4	0.9多模紧套光纤（62.5μm/125μm）
5	单芯室内多模光缆（62.5μm/125μm）
6	双芯室内多模光缆（62.5μm/125μm）
7	双芯室内多模光缆（62.5μm/125μm，2.0）
8	4芯室内多模光缆（62.5μm/125μm）
9	6芯室内多模光缆（62.5μm/125μm）
10	12芯室内多模光缆（62.5μm/125μm）
11	单芯室内单模光缆
12	单芯室内单模光缆（2.0）
13	4芯室内单模光缆
14	6芯室内单模光缆
15	12芯室内单模光缆

第一章　综合布线系统器材介绍

　　室外光缆的抗拉强度较大，保护层较厚重，并且通常为铠装（即金属皮包裹），具有耐压、耐腐蚀、抗拉等一些机械特性和环境特性。室外光缆主要适用于建筑群子系统。标准松套管式加强铠装光缆及其剖面如图 1-21 所示。常见室外光缆见表 1-5。

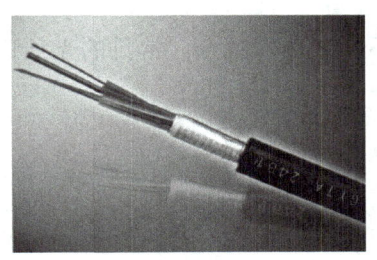 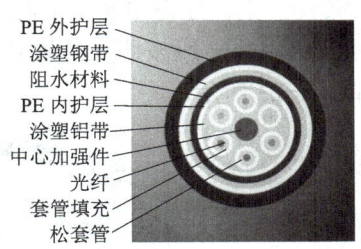

图 1-21　标准松套管式加强铠装光缆及其剖面

表 1-5　常见室外光缆

序　号	光　缆　名　称
1	4 芯室外多模光缆（62.5μm/125μm，GYTS）
2	6 芯室外多模光缆（50μm/125μm，GYTS）
3	6 芯室外多模光缆（62.5μm/125μm，GYTS）
4	12 芯室外多模光缆（50μm/125μm，GYXTW）
5	24 芯室外多模光缆（62.5μm/125μm，GYTS）
6	4 芯室外单模光缆（GYTS）
7	6 芯室外单模光缆（GYTS）
8	12 芯室外单模光缆（GYTS）
9	24 芯室外单模光缆（GYTS）
10	48 芯室外单模光缆（GYTS）

3. 光纤连接器

　　就像用铜缆连接器端接铜缆一样，光纤连接器是用来对光缆进行端接的。但光纤连接器与铜缆连接器不同，它的首要功能是把两条光缆的芯子对齐，提供低损耗的连接。如纤芯未能对齐，则会出现图 1-22 所示的光纤连接损耗。

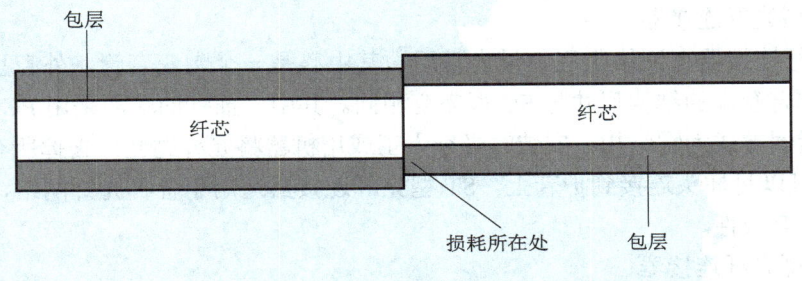

图 1-22　光纤连接损耗

按照不同的分类方法，光纤连接器可以分为不同的种类。按照传输媒介的不同，可分为单模光纤连接器和多模光纤连接器；按照结构的不同，可分为FC、SC、ST、LC、MT-RJ、MU等各种形式；按照连接器的插针端面，可分为FC、PC（UPC）和APC三种形式；按照光纤芯数的差别，还有单芯、多芯之分。

在实际应用中，一般按照光纤连接器结构的不同来加以区分。常见的光纤连接器有以下几种，如图1-23所示。

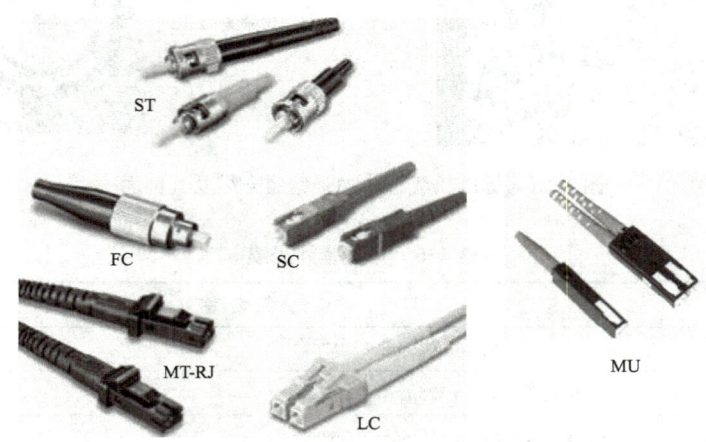

图1-23　各种类型的光纤连接器

（1）FC型光纤连接器

FC是Ferrule Connector的缩写，表明其外部加强方式是采用金属套，紧固方式为螺钉扣。最早的FC类型的连接器采用的陶瓷插针的对接端面是平面接触方式（FC）。此类连接器结构简单，操作方便，制作容易，但光纤端面对微尘较为敏感，且容易产生菲涅尔反射，提高回波损耗性能较为困难。后来，对该类型连接器做了改进，采用对接端面呈球面的插针（PC），而外部结构没有改变，使得插入损耗和回波损耗性能有了较大的提高。

（2）SC型光纤连接器

SC型光纤连接器的外壳呈矩形，它与RJ-45相当，所采用的插针和耦合套筒的结构尺寸与FC型完全相同。其中，插针的端面多采用PC（球面）型或APC型（研磨）方式；紧固方式采用插拔销闩式，不需旋转。此类连接器价格低廉，插拔操作方便，介入损耗波动小，抗压强度高，安装密度高。SC型连接器主要用来连接两条光纤束，用于光纤的拼接，但制作起来比较困难。

（3）ST型光纤连接器

ST型光纤连接器在网络工程中最为常用，其中心是一个陶瓷套管，外壳呈圆形，所采用的插针与耦合套筒的结构尺寸与FC型完全相同。其中，插针的端面采用PC型或APC型研磨方式，紧固方式为螺钉扣。安装时必须人工或用机器将光纤抛光，去掉所有的杂痕，外壳旋转90°可以将插头连接到护套上。ST型光纤连接器适用于各种光纤网络，操作简便而且具有良好的互换性。

（4）LC型光纤连接器

LC型光纤连接器是著名的贝尔研究所研究开发的，采用操作方便的模块化插孔闩锁机理制成。该连接器所采用的插针和套筒的尺寸是普通 SC 型、FC 型等尺寸的一半，提高了光纤配线架中光纤连接器的密度。目前，在单模方面，LC 型的连接器已经占据了主导地位，在多模光纤方面的应用也迅速增长。

（5）MT-RJ 型光纤连接器

MT-RJ 型光纤连接器带有与 RJ-45 型 LAN 电连接器相同的闩锁机构，通过安装于小型套管两侧的导向销对准光纤。为便于与光收、发信机相连，连接器端面光纤为双芯（间隔 0.75mm）排列设计，是主要用于数据传输的高密度光连接器。

（6）MU 型光纤连接器

MU 型光纤连接器是以 SC 型连接器为基础研发的世界上最小的单芯光纤连接器，该连接器采用 1.25mm 直径的套管和自保持机构，其优势在于能实现高密度安装。MU 型连接器系列包括用于光缆连接的插座型光纤连接器（MU-A 系列）、具有自保持机构的底板连接器（MU-B 系列）以及用于连接 LD/PD 模块与插头的简化插座（MU-SR 系列）等。随着光纤网向更大带宽、容量方向的迅速发展，市场对 MU 型光纤连接器的需要也迅速增长。

4. 光纤跳线和尾纤，光纤耦合器和适配器

（1）光纤跳线和尾纤

跳线（Jumper）：不带连接器件或带连接器件的电缆线对与带连接器件的光纤，用于连接配线设备。水平光缆和主干光缆至楼层电信间的光纤配线设备应经光纤跳线连接构成。

光纤尾纤是指一端是光纤，另一端是光纤连接器，用于综合布线的主干电缆和水平电缆相连接，有单芯和双芯两种。

光纤跳线和尾纤的区别：跳线是连接光纤 - 网络设备或光纤 - 光纤或设备 - 设备的连线，有 2 个头（根据需要选择 ST/SC/FC/LC）；尾纤只有一个头，熔接光纤时使用，通常为 ST 头。常见的光纤跳线和尾纤如图 1-24 所示。

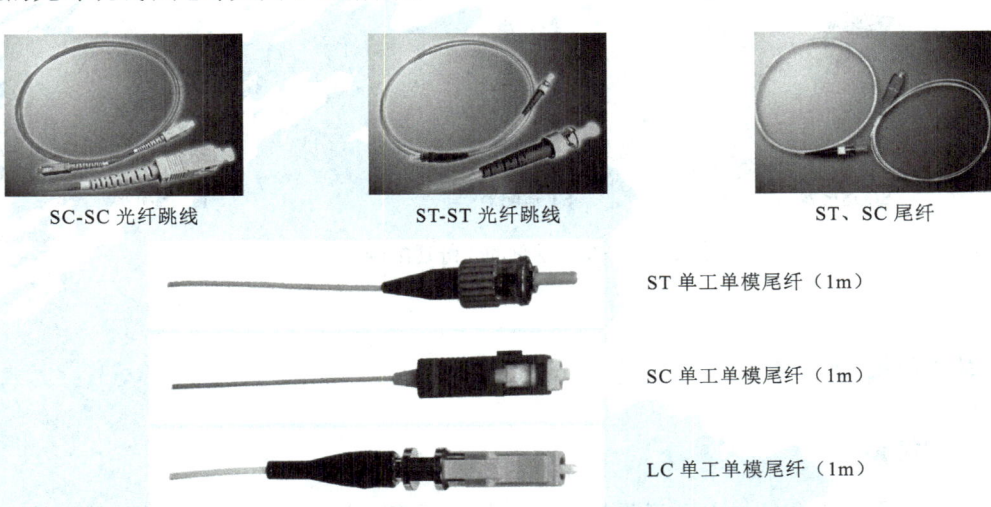

图 1-24　常见的光纤跳线和尾纤

（2）光纤耦合器和适配器

光纤耦合器又称法兰盘，是把两条光缆连接在一起的设备，使用时把两个连接器分别插到

光纤耦合器的两端。耦合器的作用是把两个连接器对齐，保证两个连接器之间连接损耗最低。

光纤耦合器被固定于光纤终端盒或信息插座上，用于实现光纤连接器之间的连接，并保证光纤之间保持正确的对准角度。光纤耦合器如图1-25所示。

图1-25　光纤耦合器

光纤适配器也可被应用于光纤终端盒，是一种使不同尺寸或类型的插头与信息插座相匹配，从而使光缆所连接的应用系统设备顺利接入网络的器件。通常情况下，终端设备可用跳接线直接与工作区的信息插座相连接，无需使用任何适配器。然而，当终端设备与信息插座间的插头插座不匹配，或线缆阻抗不匹配，而无法直接使用信息插座时，就必须借助于适当的适配器或平衡/非平衡转换器进行转换，才能实现终端设备与信息插座之间的相互兼容。常见的光纤适配器如图1-26所示。

SC适配器　　　　　　　　ST适配器　　　　　　　　FC适配器

图1-26　常见的光纤适配器

1.4　端接设备

1.4.1　信息插座

信息插座是终端设备与水平子系统连接的接口设备，同时也是水平布线的终结，为用户提供网络和语音接口。对于UTP电缆而言，通常使用T568A或T568B标准的8针模块化信息插座，型号为RJ-45，采用8芯接线。对光缆来说，规定使用具有SC/ST连接器的信息插座。

第一章 综合布线系统器材介绍

1. 信息插座的类型

根据适应环境的不同,信息插座可分为墙上型、桌上型和地上型三种。墙上型为内嵌式,适用于与主体建筑同时完成的布线工程,主要安装于墙壁。桌上型适用于主体建筑完成后进行的布线工程,既可安装于墙壁,也可固定于桌面。各类信息插座如图1-27所示。

墙上型信息插座

桌上型信息插座

地上型信息插座

图1-27 各类信息插座

2. 信息地插

常见的信息地插如图1-28所示。

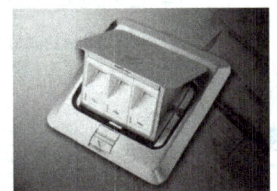
方形金属地板信息插座

圆形金属地板插座

图1-28 常见的信息地插

3. 光纤插座

光纤插座用于工作区光纤端口设备与水平布线子系统的互连,如图1-29所示。

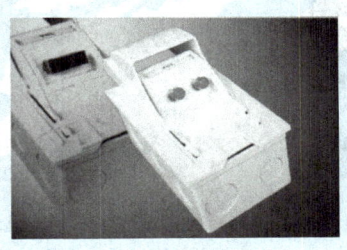

图1-29 常见的光纤插座

4. 信息插座的组成

信息插座由面板、底盒和信息模块三部分组成。

面板的内部构造、规格尺寸及安装方法等有较大的差异。信息插座面板用于在信息出口的位置安装固定信息模块,常见的有单口、双口型号,也有3口或4口型号。信息面板一般为平面插口,如图1-30所示。

底盒分为两种,即明装底盒和暗装底盒。明装底盒用于桌上型信息插座的安装,固定于墙体外部；暗装底盒则用于墙上型信息插座的安装，被埋于墙体内部。如果底盒需要埋入地下，那么还应当根据地面材料的不同，连接相应颜色（不锈钢或黄铜）的金属底盒。常见的底盒如图 1-30 所示。

单口面板

双口面板

3 口面板

4 口面板

信息面板底盒

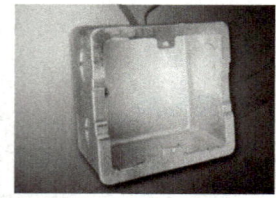
地板插座金属底盒

图 1-30　常见的信息面板和底盒

信息模块主要是连接设备间和工作间使用的，而且一般从内墙走，这样它就不容易被破坏，且具有更高的稳定性和耐用性。

信息模块所遵循的通信标准，决定着信息插座的适用范围，如超五类模块、六类模块，分别适用于超五类双绞线、六类双绞线，如图 1-31 所示。桌上型、墙上型或地上型信息插座的区分，仅在于插座所使用的面板和底盒的不同。图 1-32 为信息模块连接示意图。

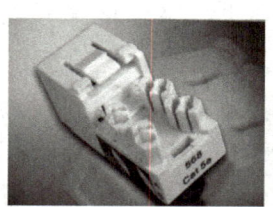
超五类信息模块

超五类免打线式信息模块

打线式语音模块

六类非屏蔽信息模块

六类屏蔽信息模块

六类信息模块

图 1-31　常见的信息模块

第一章 综合布线系统器材介绍

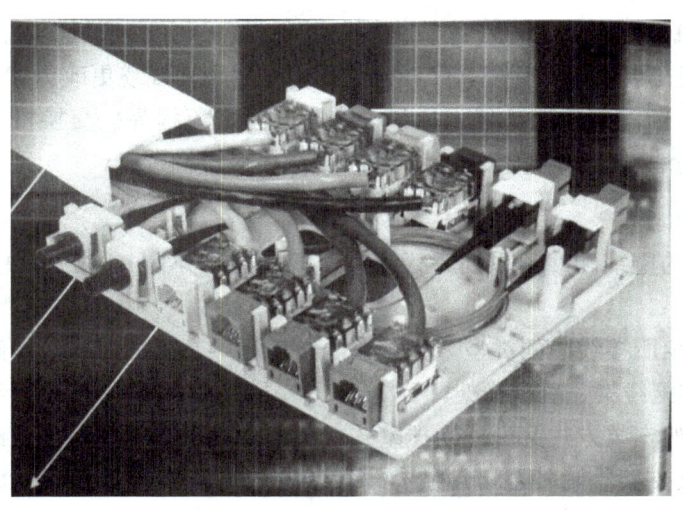

图 1-32 信息模块连接示意图

1.4.2 水晶头

水晶头也称 RJ-45 连接器，用于制作双绞线跳线，实现与配线架、信息插座、网卡或其他网络设备的连接。水晶头作为网络布线的重要部件，其品质对网络传输速度也有很大的影响。另外，如果水晶头材质有问题，往往会导致接口松动，发生莫名其妙的连接故障。

为保证屏蔽布线系统的完整性，应用于屏蔽布线系统的 RJ-45 连接器也必须拥有相应的屏蔽结构，如图 1-33 所示。

超五类水晶头

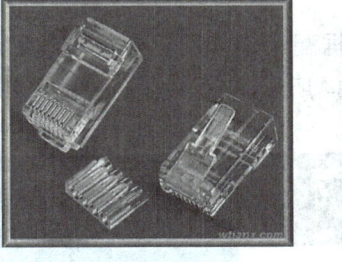
六类水晶头（两件式）

六类水晶头

图 1-33 常见的水晶头

1.4.3 配线架

配线架是管理间子系统中最重要的组件，是电缆或光缆进行端接和连接的装置。楼层配线架是水平电缆、水平光缆与其他布线子系统或设备相连接的装置，是实现垂直干线和水平布线两个子系统交叉连接的枢纽。配线架通常安装在机柜或墙上，通过安装附件，配线架可以满足 UTP、STP、同轴电缆、光纤、音视频的需要。

1. 配线架的作用

配线架用于跳接线缆，为双绞线或光缆与其他设备（如交换机等）的连接提供接口，使综合布线系统变得更加易于管理。配线架的作用是为了使线缆更改更加方便。它们的连接流程是：交换机—配线架—服务器；如果没有配线架，流程为：交换机—服务器。有了配线架，更换线缆的地点就在配线架上了，而不用插拔交换机端口。

2. 配线架的分类

1）按照常见的电缆配线架系列进行分类，配线架可分为 RJ-45 模块式配线架、110 配线架。

2）按照配线架所接线缆的类型分类，在网络工程中常用的有双绞线配线架和光纤配线架，此外还有数字配线架、总配线架。

3）按照配线架安装方式又可分为挂壁式或机架式。一般的模块化配线架常设计成机架式安装，通过墙装支架等附件也可墙装；一般的 IDC 式配线架通常设计成用于墙上安装，通过一些架装附件或专门的设计也可用于架装。

3. 配线架的电缆管理

配线架后部的电缆管理器件用来支持布线以应付过量的应力，并且能简化电缆布置和维持电缆的最小弯曲半径。在有些配线架上，这是设计的一个整体部分，其他的有单独的电缆管理，包含在可选附件里。

4. 配线规则

系统的配线规则可以是 568A 或是 568B。最常用的是 568B，一般配线架都备有 568A 或是 568B 配线规则双色码。

- 模块式配线架

模块式配线架又称为数据配线架，用于端接电缆和通过跳线连接交换机等网络设备。常见的模块式配线架如图 1-34 所示。

1U24 口超五类配线架

图 1-34 常见的模块式配线架

- 110 配线架

110 配线架主要用作语音跳线，需要和 110 连接块配合使用，如图 1-35 所示。它用于端接配线电缆或干线电缆，并通过跳线连接水平子系统和干线子系统。常见的 110 配线架有 100 对、200 对、300 对多种规格，它的套件还应包括 4 对连接块或 5 对连接块、空白标签和标签夹、基座。110 配线系统使用方便的插拔式快接式跳接可以简单地进行回路的重新排列，这样就为技术人员管理交叉连接系统提供了方便。

第一章 综合布线系统器材介绍

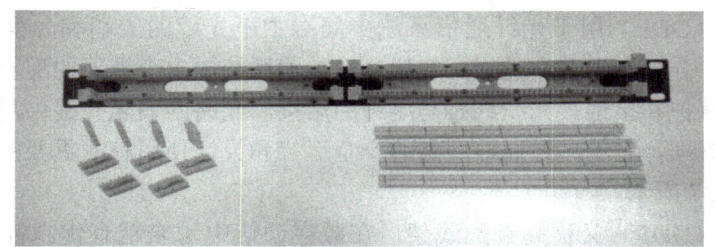

1U-100 对机架式配线架

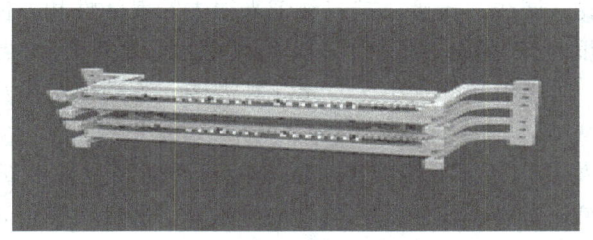

100 对挂壁式配线架

图 1-35 常见的 110 配线架

- 光纤配线箱和光纤配线架

光纤配线箱是专为光纤通信机房设计的光纤配线设备，适用于光缆与光通信设备的配线连接，通过配线箱内的适配器，用光跳线引出光信号，实现光配线功能。它具有光缆固定和保护功能光缆终接功能、调线功能以及光缆纤芯和尾纤保护功能，也可用作将光纤接入网中的光纤终端点。常见的光纤配线箱如图 1-36 所示。

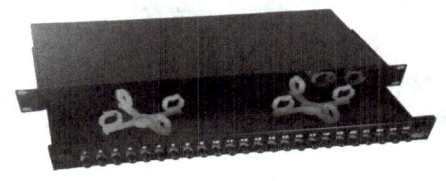

"ST 单工多模 19"抽屉式光纤配线箱

"SC 双工多模 19"抽屉式光纤配线箱

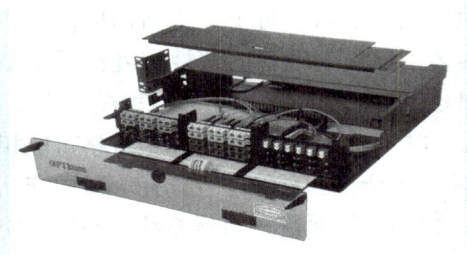

4U90 口光纤配线箱

光纤配线箱

图 1-36 常见的光纤配线箱

光纤配线架（ODF）用于光纤通信系统中局端主干光缆的成端和分配，可方便地实现光纤线路的连接、分配和调节。光纤配线架是光传输系统中一个重要的配套设备，它主要用于光缆的固定、保护和接地，光缆纤芯与尾纤的熔接，光路的调配并提供测度端口，冗余光纤及尾纤的存储管理，对于光纤通信网络的安全运行和灵活使用有着重要的作用。常见的光纤配线架如图 1-37 所示。

数字配线架（DDF）又称高频配线架，在数字通信中越来越有优越性，它能使数字通信设备的数字码流连接成为一个整体，速率在 2～155Mbit/s 信号的输入、输出都可接在数字配线架上，这为配线、调线、转接、扩容都带来很大的灵活性和方便性。

随着网络集成程度越来越高，出现了集光纤配线架、数字配线架、电源分配单元于一体的光数混合配线架，适用于光纤到小区、光纤到大楼、远端模块局及无线基站的中小型配线系统。

随着光纤网络的发展，光纤配线架现有的功能已不能满足许多新的要求。有些厂家将一些光纤网络部件，如分光器、波分复用器和光开关等，直接加装到光纤配线架上。随着这些部件方便地应用到网络中，又给光纤配线架增加了功能和灵活性。光纤配线架主要分为 8 口光纤配线架、12 口光纤配线架、24 口光纤配线架、48 口光纤配线架、72 口光纤配线架等多种类型。

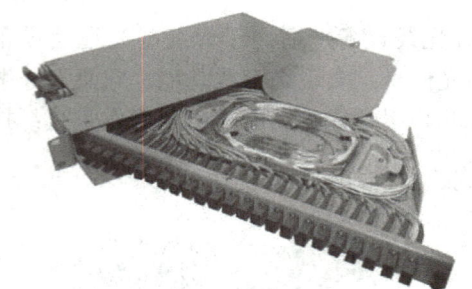
24 口旋转式光纤配线架

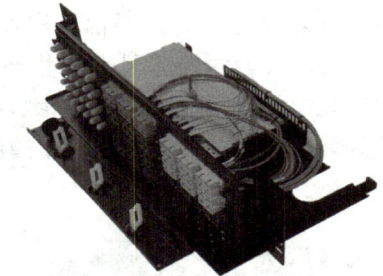
3U72 口可装载 12 个 FSP 模块型适配器配线架

图 1-37　常见的光纤配线架

1.4.4　机柜

机柜广泛应用于计算机网络设备、有线/无线通信器材、电子设备等的叠放。机柜具有增强电磁屏蔽、削弱设备工作噪声、减少设备占地面积的优点。对于一些高档机柜，还具备空气过滤功能，提高精密设备工作环境质量。很多工程级的设备的面板宽度都采用 19in（1in=25.4mm），所以 19in 的机柜是最常见的标准机柜。19in 标准机柜的种类和样式非常多，也有进口和国产之分，价格和性能差距也非常明显。同样尺寸不同档次的机柜价格可能相差数倍之多。用户选购标准机柜要根据安装堆放器材的具体情况和预算综合选择合适的产品。

标准机柜的结构比较简单，主要包括基本框架、内部支撑系统、布线系统、通风系统，如图 1-38 所示。机柜根据组装形式和材料选用的不同，可以分成很多性能和价格档次。19in 标准机柜有宽度、高度、深度三个常规指标。虽然 19in 面板设备的安装宽度为 465.1mm，但机柜的物理宽度常见的为 600mm 和 800mm 两种。高度一般为 0.7～2.4m，根据柜内设备的多少和统一格调而定,通常厂商可以定制特殊的高度,常见的成品19in机柜高度为1.6m和2m。机柜的深度一般从400～800mm,根据柜内设备的尺寸而定,通常厂商也可以定制特殊深度的产品,常见的成品19in机柜深度为500mm、600mm、800mm。19in标准机柜内设备安装所占高度用一个特殊单位"U"表示,1U=1.75in=44.45mm,通常从6～42U不等。机柜内有可拆卸的滑动拖架,用户可以根据自己服务器的标高灵活调节高度,用以存放服务器、集线器、磁盘阵列柜等网络设备。常用网络机柜的规格见表1-6。

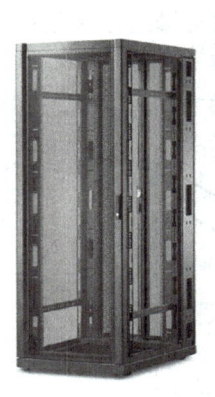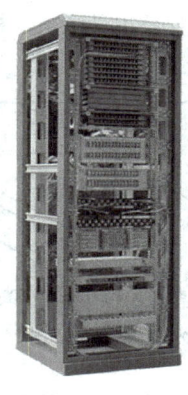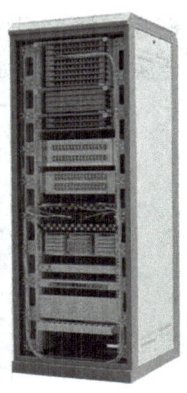

图1-38　机柜的外形及内部结构

一般情况下,可根据建筑物中网络信息点的多少,来确定管理间的位置和安装网络机柜的规格。有时,在规划机柜内安装设备的空间后,必须考虑到增加信息点和设备的散热等因素,还要预留下1～2U的空间,以便将来有更大的发展时,很容易将设备扩充进去。

网络机柜根据用途分普通网络机柜和服务器机柜。网络机柜和服务器机柜的区分在于机柜的深度,网络机柜的深度都是600mm,装交换机和其他深度小于550mm的网络产品。而服务器机柜,深度分别有800mm、900mm、1000mm、1100mm等。深度大于800mm的机柜都是服务器机柜(定做的除外),因为使用的服务器,深度都在700mm以上。

表1-6　常用网络机柜的规格

规　　格	高度/mm	宽度/mm	深度/mm	
4U	200	600	420	
6U	350	600	420	
7U	400	600	450	
14U	700	600	450	
20U	1000	600	800	650
25U	1300	600	800	650
32U	1600	600	800	650
37U	1800	600	800	650
42U	2000	600	800	650

1.5 桥架和管道

1.5.1 线槽

布线系统中除了线缆外，槽管是一个重要的组成部分，可以说，金属槽、PVC 槽、金属管、PVC 管是综合布线系统的基础性材料。在综合布线系统中主要使用的线槽有以下几种。

1. 金属槽

金属槽由槽底和槽盖组成，每根槽一般长度为 2m，槽与槽连接时使用相应尺寸的铁板和螺钉固定。金属槽的外形如图 1-39 所示。

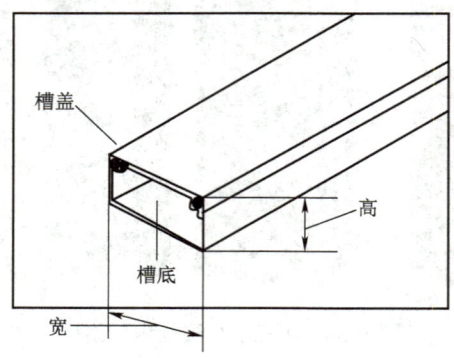

图 1-39 金属槽的外形

在综合布线系统中，一般使用的金属槽的规格有 100mm×50mm（宽×高）、100mm×100mm、200mm×100mm、300mm×100mm、400mm×200mm 等多种。

在实际施工中还需有相应的配套连接头，如图 1-40 所示。

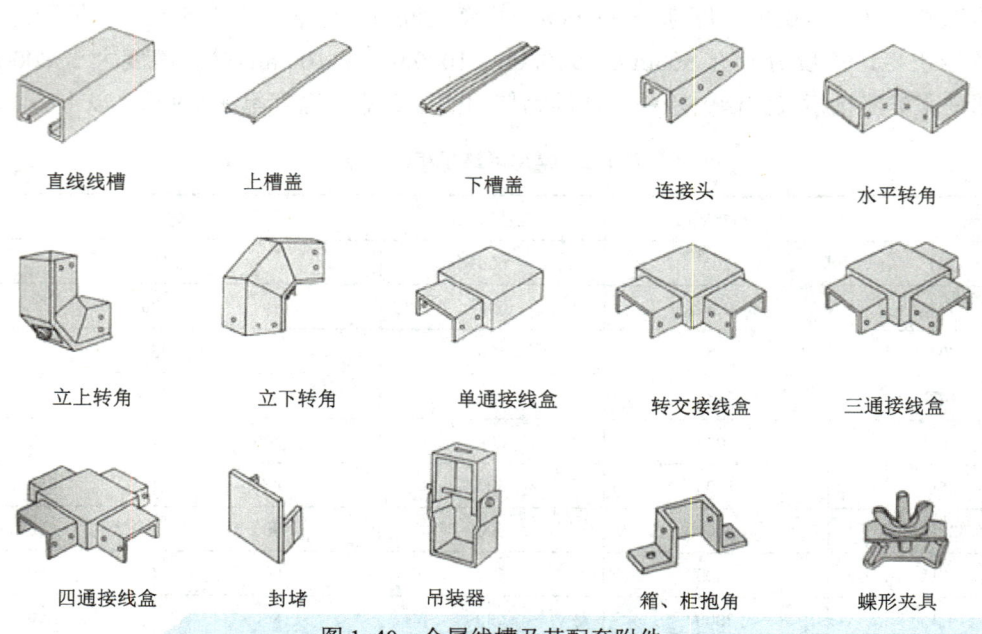

图 1-40 金属线槽及其配套附件

第一章 综合布线系统器材介绍

2. 塑料槽

塑料槽的外形与图 1-39 类似，但它的品种规格更多，从规格上讲有 20mm×12mm（宽×高）、25mm×12.5mm、25mm×25mm、30mm×15mm、40mm×20mm 等。

与 PVC 槽配套的附件见表 1-7 和表 1-8。

表 1-7 PVC-25 塑料线槽配套附件

产品名称	图例	产品名称	图例	产品名称	图例
阳角		平三通		连接头	
阴角		顶三通		终端头	
直转角		左三通		接线盒插口	
		右三通		灯头盒插口	

表 1-8 PVC-40Q 塑料线槽配套附件

产品名称	图例	产品名称	图例	产品名称	图例
阳角		平三通		连接头	
阴角		直转角		终端头	

1.5.2 桥架

综合布线系统的核心是各种各样的缆线，其中包括非屏蔽双绞线、屏蔽双绞线、室内光缆和室外光缆等，它们与其他电缆、光缆一样，本身是软的，如果把它们自然放在地上，它们必会自然弯曲，因此综合布线缆线在铺设时，通常都是放在桥架中或穿在管子里的。

由于综合布线系统中的水平双绞线数量非常庞大，甚至多于电源线，因此桥架就成为综合布线工程中首选的运载工具。桥架的外形如图 1-41 所示。

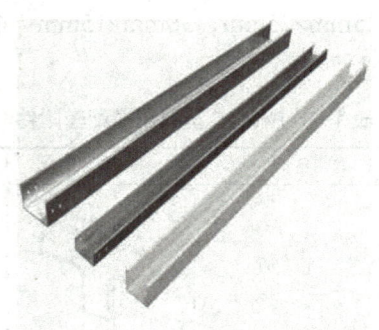

图 1-41 桥架的外形

桥架是一种扁平构造、有一定厚度、有一定强度的架子，可以装载各种各样的电缆和光缆，由于它是采用吊架将其固定在吊顶上、用支架固定在墙壁上的，因此它像吊桥或栈道。

桥架的种类不少，对于综合布线而言，主要使用梯形桥架和全封闭桥架。

1. 梯形桥架

梯形桥架的造型像一把横放的梯子，固定在吊顶下。电线和光缆平行放在桥架上，然后按指定的位置固定在桥架的某一边。梯形桥架在放线施工时需要注意美观，因为所有的线都暴露在人们的视野中，铺设整齐才能保证美观。在电信机房中，由于电线绑扎不会影响传输性能，因此大量使用梯形桥架。梯形桥架如图 1-42a 所示。

2. 全封闭桥架

全封闭桥架的造型像一个方型的水槽，下面用铁板（或铝板）冲压成为凹字形，上面有带锁的盖子。工厂里制造的桥架通常长 2m，两端有螺钉孔，可以连接成任意长度，也可以通过弯头转弯。全封闭桥架如图 1-42b 所示。

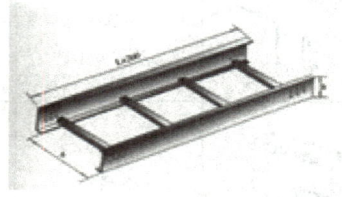   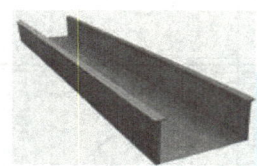

a）梯形桥架   b）全封闭桥架

图 1-42 梯形桥架和全封闭桥架

1.5.3 管道

线槽在综合布线工程的明线铺设中使用较多，而管道则在暗线铺设中比较常见。管道的外形如图 1-43 所示。

第一章 综合布线系统器材介绍

图 1-43 管道的外形

1. 金属管

金属管用于分支结构或暗埋的线路，它的规格也有多种，以外径（mm）加以区分，工程施工中常用的金属管有 D16、D20、D25、D32、D40、D50、D63、D75、D110 等规格。

在金属管内穿线比线槽布线难度更大一些，在选择金属管时要注意管径选择大一点，一般管内填充物占 30% 左右，以便于穿线。金属管还有一种是软管（俗称蛇皮管），供弯曲的地方使用。

2. 塑料管

塑料管产品分为两大类，即 PE 阻燃导管和 PVC 阻燃导管。

PE 阻燃导管是一种塑制半硬导管，按外径有 D16、D20、D25、D32 四种规格。其外观为白色，具有强度高、耐腐蚀、绕曲性好、内壁光滑等优点，明、暗装穿线兼用。它还以盘为单位，每盘重为 25kg。

PVC 阻燃导管是以聚氯乙烯树脂为主要原料，加入适量的助剂，经加工设备挤压成型的刚性导管。小管径 PVC 阻燃导管可在常温下进行弯曲，便于用户使用。它按外径有 D16、D20、D25、D32、D40、D45、D63、D75、D110 等规格。

由于 PVC 阻燃导管在弯头制作、整体固定、连接件制作等方面比线槽相对困难，因此其相关的配件比较多，具体包括管卡、弯通、直通、锁头、三通、胶水等，如图 1-44 所示。

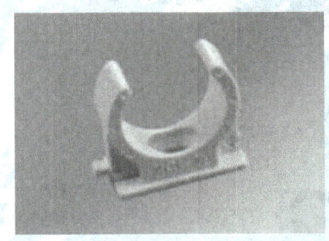
管卡

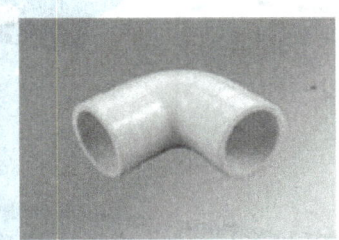
弯通

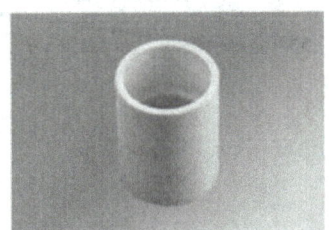
直通

锁头

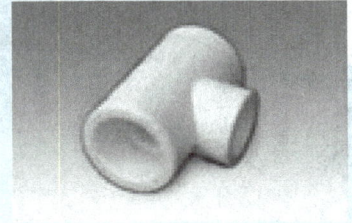
三通

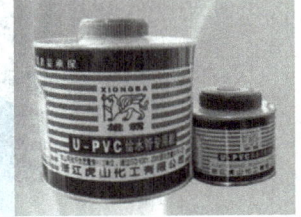
胶水

图 1-44 PVC 阻燃导管及其配套附件

1.6 布线辅材

1.6.1 理线器

理线器的作用是为电缆提供平行进入 RJ-45 模块的通路，使电缆在压入模块之前不多次直角转弯，减少了电缆自身的信号辐射损耗，同时也减少了对周围电缆的辐射干扰。由于理线器使水平双绞线有规律地、平行地进入模块，因此在今后线路扩充时，将不会因改变了一根电缆而引起大量电缆的更动，使整体可靠性得到保证，即提高了系统的可扩充性。

理线器可安装于机架的前端提供配线或设备用跳线的水平方向的线缆整理，理线器简化了交叉连接系统的规划与安装，使之方便管理。

一般情况下配线架被安装在机柜下部，交换机被安装在机柜上面，配线架之间要有一个理线器，交换机之间也要有理线器，正面的跳线从配线架中出来全部要放入理线器，然后从机柜侧面绕到上部的交换机间的理线器中，再进入交换机。

常见的理线器如图 1-45 所示。

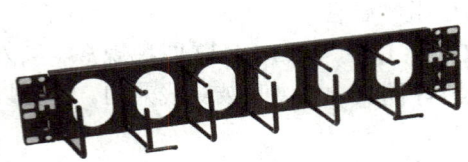

1U 金属理线器

1U 塑胶理线器组件

110 理线器

1U1.75″ 理线器盖板

模块配线架及理线器

图 1-45 常见的理线器

1.6.2 挡板

为了美观及防尘，在机柜没有安装设备处，可用挡板将机柜封底起来。挡板如图1-46所示。

2U 空白挡板

3U 空白挡板

图 1-46　挡板

1.6.3 扎带

扎带分尼龙扎带与金属扎带。综合布线工程中常用的是尼龙扎带。尼龙扎带耐酸、耐蚀、绝缘性良好，不易老化，主要用来在机房内固定线缆。常见的尼龙扎带如图1-47所示。

扎带的使用方法：只要将带身轻轻穿过带孔一拉，即可牢牢扣住。尼龙扎带按紧固方式分为可松式扎带、固定式扎带、插销式扎带和双扣式扎带4种。在具体施工中可以使用不同颜色的尼龙扎带，对繁多的线路加以区分；使用带有标签的标牌尼龙扎带，在整理线缆的同时可以加以标记；使用带有卡头的尼龙扎带，可以将线缆轻松地固定在面板上。

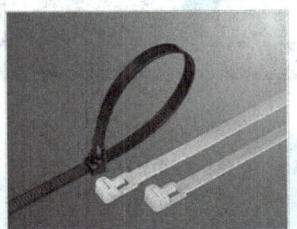
可松式扎带

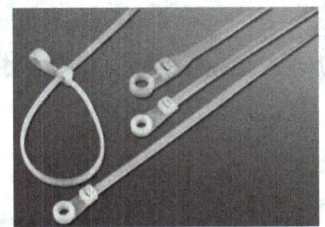
固定式扎带

插销式扎带

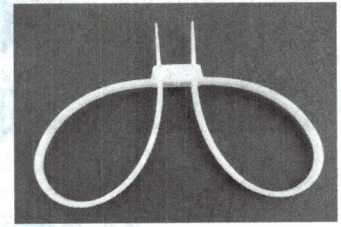
双扣式扎带

图 1-47　常见的尼龙扎带

1.6.4 标签

在综合布线系统中，网络应用的变化会导致连接点出现移动、增加等变化，一旦没有标记或使用了不恰当的标记，都会使最终用户不得不付出更高的维护费用来解决连接点的管理问题。因此，建立合理的标记系统对于网络布线来说是一个非常重要的环节。布线标签标识系统的实施为用户今后的维护和管理带来很大的便利，并能提高其管理水平和工作效率，减少网络配置时间。

综合布线系统通常使用的标签的类型有以下 3 种。

粘贴型：背面为不干胶的标签纸，可以直接贴到各种设备（器材）表面，如图 1-48 所示。

图 1-48　粘贴型标签

插入型：通常是硬纸片，由安装人员在需要时取下来使用，如图 1-49 所示。

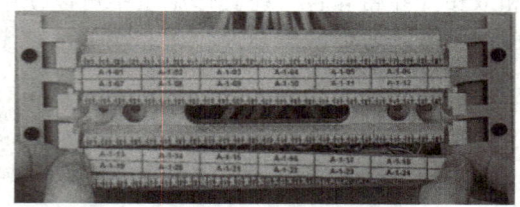 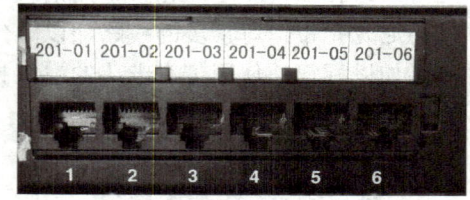

图 1-49　插入型标签

特殊型：用于特殊场合的标签，像条形码、标签牌等，如图 1-50 所示。

 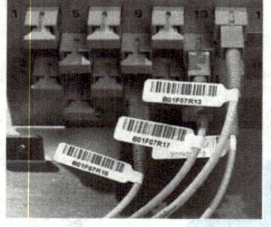

号码管标签　　　　　　　　　　　　条形码标签

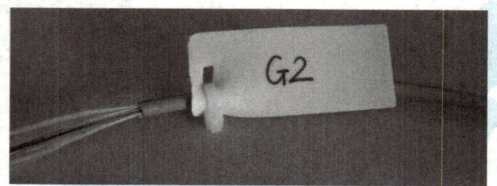

标签牌标签

图 1-50　特殊型标签

第一章　综合布线系统器材介绍

1.7　综合布线系统产品介绍

目前，国际上制造综合布线系统产品的厂商很多，每个厂商都有各自的产品系列和设计原则，其安装方法和质量保证体系也各有特点。而国内一些厂商根据国际标准和国内通信行业标准，结合我国国情，吸取国外产品的先进经验，也自行开发研制出了适合我国使用的产品。同时，有些国内外厂商合作制造的产品也相继问世。

1.7.1　国外厂商生产的产品

1. AYAYA 综合布线系统产品简介

AYAYA 是一家崭新的公司，但却拥有源远流长的历史。AYAYA 的前身是朗讯科技企业网络部，拥有 130 多年的历史。而朗讯的综合布线是从收购 AT&T 公司的综合布线系统发展起来的。从 AT&T 到朗讯科技，从朗讯科技到 AYAYA，其产品始终有一个不变的名字——SYSTIMAX。因此，AYAYA 综合布线系统产品的推出使人们感到既熟悉又陌生。

AYAYA 产品包括：

1）71E 系列顶级六类水平线缆。AYAYA 公司 GigaSPEEDXL 71E 系列线缆的电气性能保证完全满足或超过 TIA/EIA568B-B.2-1Category 6 和 ISO/IEC Category 6/Class E 性能参数要求。NEXT 和六类标准相比至少有 6dB 性能冗余，实际 ACR（串扰衰减比率）达到 318MHz。通过了 IU listed、UL-C 认证和 ACA 认可，1071C 全系列外皮产品包括普通阻燃型、强力阻燃型和低烟无卤型。71E 系列六类水平线缆有 WETOTE 或卷轴式包装，也可以由用户定制长度。厂家提供二十年质量及应用保证。

2）MGS400E6 类模块。MGS400E6 有 10 种颜色可选，通用的 TIA A/B 配线打线方式、专利设计的垂直和 45°防尘斜插安装保证与六类标准兼容，并比六类标准要求有非常大的性能冗余，改良的端口部分使线缆终端部分更容易安装，并且更加稳固。在 MGS400 的背面加入了新的交叉结构，以帮助用户进行适当的成对定位。该类模块可插入标准的 M 系列面板、表面安装盒、中转盒、M1000 或 FlexiMax 面板，独家增强的 GFPM 设计带给 XL 电路优异的性能，电气性能保证完全满足或超过 TIA/EIA568B-B.2-1Category 6 和 ISO/IEC Category 6/Class E 性能参数要求，能很好地向后兼容 Category 5e、五类和三类的跳线，与 GigaSPEED XL GS8E 跳线连接时性能最佳，通过了 UL listed、UL-C 认证和 ACA 认可，可以支持 1G 以上的网络速率。

3）GigaSPEED XL 模块化配线架。增强的 CFPM 设计为 XL 带来优异性能，分布的可移动模块可以方便地接到线缆终端，它有 24 接口（2U）和 48 接口（3U）两种型号。19in 的框架，带有线缆管理条的墙壁安装设备和束缚线，每个模块都有终端标识，并保证与六类标准兼容。

4）GigaSPEED XL 模块化跳线 GS8E。增强的 CFPM 设计能够充分保证新的 XL 解决方案的优异性能，专利技术的设计使性能的不稳定性降到最低，无障碍特点使重新排列面板绳更容易，保证与六类线兼容。

2. AMP 公司综合布线系统产品简介

AMP（安普）公司创立于 1941 年，总部位于美国宾夕法尼亚州的哈里斯堡，AMP 公司是全球著名的电子电气连接产品制造商，AMP 公司在布线系统连接产品的性能和质量方面一直享誉全球。AMP 公司也为综合布线系统的标准化做出了相当大的贡献，其开发应用部门的许多工程师是 EIA（美国电子工业协会）和 TIA（美国通信工业协会）的成员，参与著名的 TIA/EIA568 标准的制定工作。

AMP 公司布线系统的特点：

1) 系统的完善性。
2) 支持完善的传输介质。
3) 制造工艺的精确性。
4) AMP 公司是目前全球唯一实现了一次布线之后无需再作更改即可满足用户永久应用变化需求的布线系统制造商。

AMP 公司综合布线系统产品介绍：

（1）AMP NETCONNECT 超五类系统
- 线缆：NETCONNECT 五类 UTP
- 连接件：110 模块连接系统、110Connect XC 打线架连接系统、ACO 系统（AMP 公司的通信插座系统）、超五类跳线

（2）NETCONNECT Quantum 六类系统
- 线缆：Quantum UTP
- 连接件：Quantum 模块化信息插座系统、Quantum 模块化配线系统、Quantum 跳线

3. 美国西蒙公司布线系统产品简介

美国西蒙（Siemon）公司 1903 年建立于美国康州水城，1996 年在北京成立了办事处。它拥有符合国际标准的全系列产品，包括绿色环保的、支持在线测试的屏蔽/非屏蔽对绞线、电缆以及光缆等，涉及终端、跳接、保护、标识和测试各个领域。其产品支持语音、数据、图形、图像和保安监控系统传感器等各种信号的传输，支持三类、四类、五类 UTP、FTP、STP、同轴电缆和单模或多模光纤，支持 155Mbit/s ATM、100Mbit/s TP-PMD、100Base-VG 等各种高速网络应用。

该公司的布线系统包括建筑物通用布线平台（TBIC）系统、智能住宅布线系统（HOMESYS）、开放办公室系统（MACSYS）及 S2106 类配线系统等几种产品。TBIC 系统可支持多媒体、语音、数据、图像及监控传感等信息传输，为智能化建筑创造了平台。该公司还生产各种配线和跳线接续设备，CT、SM 和 MAX 系列的工作区插座（均为超五类或六类）以及模块化跳线和接插件等。此外，它还生产 CT 型和 SM 型屏蔽配线架、插座、缆线以及光纤布线产品等。

4. 美国 IBM 公司布线系统产品简介

美国 IBM 公司的先进布线系统（ACS）于 1995 年进入我国，已在我国不少行业中使用。它适用于智能化建筑和智能化小区，能提供从低端系统（如非屏蔽的解决方案）到高端系统（如六类、七类缆线和光纤的解决方案）的系列产品，具有从普通聚氯乙烯材质到

第一章　综合布线系统器材介绍

低烟、阻燃、无毒、安全可靠的材质，可以提供 RJ-45 接插件和支持多媒体高速传输的产品。IBM ACS 集成了有源和无源部件，适用于各种网络的连接；采用模块化的设计，易于扩充，便于管理。

IBM 公司布线系统的特点：

1）水平布线子系统采用的线缆主要是三类、五类 100Ω 或 120Ω 的 4 对 UTP、金属箔对绞线（FTP）、屏蔽金属箔对绞线（SFTP）和其他几种屏蔽对绞线对称电缆。在主干布线系统中采用三类 24AWG 非屏蔽和屏蔽两种结构，电缆对数有 20 对、25 对、40 对、50 对、100 对、200 对、300 对等，且可以与传输频率为 300MHz 的 STP 配套使用。IBM ACS 的六类、七类线可以满足的最高传输频率分别为 350MHz 或 600MHz。当采用全程屏蔽技术时，既能防止外界电磁干扰，也能防止自身对外的电磁辐射，可提高信息传输的安全保密性。

2）IBM 公司先进布线系统中的建筑物配线架（BD）和楼层配线架（FD）中的模块连接硬件机架、过线槽、接地架、托线架等均按标准规定组装。它们的外形规格尺寸按照通用的 19in 制式机架柜标准设计制造，并以 U 为安装单位，2m 高的机架（柜）共有 42U。因为它们采用通用标准的产品规格，所以施工安装和维护非常方便。

1.7.2　国内厂商生产的产品

目前，国内厂商自行研制开发的产品和中外合作生产的产品，已经在国内被广泛使用。现将国内厂商生产的主要产品介绍如下。

1. 南京普天通信股份有限公司的产品

南京普天通信股份有限公司前身是原邮电部南京通信设备厂，该公司所属的南京普天楼宇科技公司生产的普天牌结构化综合布线系统是根据国际标准和我国通信行业标准，结合我国国情制造的。有些产品还有独特的创造，如转换插座、高频接线模块等。该系统通常采用 100Ω 的三类、五类非屏蔽及屏蔽对绞线对称电缆 62.5/125μm 多模光缆以及配套的连接硬件，可以提供可靠的点到点传输网络，能支持任何厂商生产的语音、数据和图像设备，如采用五类布线系统可支持 100Base-T 和 100Mbit/s 的 TP-PMD，也能支持 150Mbit/s 的 ATM 及 100BAS.VG-ANYLAN 等。该布线系统经有关单位检测，表明其各项性能指标均高于国际标准，有些性能还优于国外产品。该公司对系统提供的质量保证为 15 年。

2. TCL 综合布线产品

TCL 综合布线系统凭借 TCL 强大的生产实力，提出"国际品质、民族品牌"为产品的立足之本，在产品品质上紧跟国际著名布线生产厂商，产品可以与国际品牌相媲美，性价比高。TCL 是国内最大的布线产品供应商，诸多指标超过 EIA/TIA 568 规定的五类标准。

TCL 综合布线系统的特点：

（1）开放性

TCL 综合布线系统严格遵循布线系统的国际标准，是一套全开放式的布线系统。它具有一套全系列的适配器，可以将不同厂商设备的不同传输介质全部转换成相同的屏蔽或非屏蔽双绞线，通过双绞线可传输语音、数据、图像、视频信号；采用光纤可远程高速传输数据、高清晰图像信号，可支持目前所有数据及语音设备厂商的系统。

（2）灵活性

由于所有信息系统采用相同的传输介质，因此所有信息通道是通用的，信息通道可支持电话、传真、多用户终端、ATM、100BASET 工作站及令牌环站等。所有设备的开通及更改均不需改变系统布线，只需作必要的跳线管理即可；系统组网也可灵活多样，各部门即可独立组网又可方便地互连，为合理组织信息流提供了必要条件。TCL 系统能适应于各种类型的建筑物，各种新旧办公大厦、工业区、教育训练中心、工厂、校区、住宅小区均可使用 TCL 系统。TCL 系统不仅可以满足当前信息传输的需求，而且可以适应将来的网络结构的更改或设备的扩充，可谓以不变应万变。

（3）可靠性

TCL 系统采用高品质的标准材料，以组合压接的方式构成一套高标准的信息通道，每条信息通道都采用专用仪器测试以保证其电气性能，系统布线全部采用物理星形拓扑，点到点端接，任何一条线路故障均不影响其他线路的运行；同时为线路的运行维护及故障检修提供了极大方便，从而保障了系统可靠运行。更重要的是，在复杂环境下，TCL 更提供了 15 年的系统应用保证和产品质量保证。

（4）先进性

TCL 的屏蔽式产品系列，在高速网络环境或复杂的电磁环境下，具有更佳的传输可靠性、抗电磁干扰能力，并严格符合 EMC 电磁辐射控制的国际标准。TCL 最新的超五类、六类系列采用 4 线对独立非屏蔽设计和全新的高性能连接插座，能有效支持 300MHz 以上的信号传输频率。而 TCL 的光纤到桌面解决方案更提供完美的高速宽带应用支持。

（5）易于管理

综合布线系统的特点是能够将各种传输信号归入 8 芯双绞线传递，但同时也带来了插头可能会插错的问题。过去，双绞线上传输的信号种类少，这个问题不明显。而现在，许多办公室为每一个办公人员配备的插座数量越来越多，这个问题越来越明显。例如，模拟电话线上的工作电压为 48V，振铃流电压为 75V，如果将计算机网卡插头误插入电话插座，后果将是计算机网卡受到一次打击，严重时甚至会造成计算机损坏。

TCL 借助不同颜色的跳接线和配线架的端口标识，系统管理人员能方便地进行系统的线路管理。

（6）模块化

TCL 系统能够适应不同规模的综合布线环境，可随用户的需要而增减（跳线、跳线面板等）。

由于 TCL 系统采用了模块化结构，使 TCL 系统能够轻易地通过更改网络的结构和线路的连接方式，来满足科学技术的发展和应用环境的变化。

3. 江苏中天光缆集团的产品

中天光缆集团引进了世界先进设备和技术，开发、生产通信光缆和五类铜缆。在通信光缆中有各种普通光缆、非金属光缆、自承式光缆、阻燃光缆、紧包光纤光缆及带状光缆；五

第一章　综合布线系统器材介绍

类铜缆产品有 4 对和 25 对 UTP 和 FTP。经相关单位检测，其五类产品质量稳定，达到国际同类产品的质量水平，产品经用户试用，反映良好，可以替代国外同类产品。中天重视产品质量，电缆 100% 出厂检验，每箱都提供检测报告。

4. 宁波一舟集团的产品

宁波一舟电子科技有限公司是目前中国最大的集生产、销售布线产品、安防产品、网络设备于一体的专业性企业之一，主要生产数据线缆、网络配件、光缆、同轴电缆、屏蔽护套线、控制电缆、电话线、网线、交换机、路由器、无线产品、安防器材、楼宇对讲系统等产品。一舟布线产品以低廉的价格和稳定的性能而著称，被大量应用于各类综合布线系统中。

第二章 综合布线系统设计技术

本章要点

- 绘图工具软件介绍
- 综合布线系统图例
- 局域网拓扑结构
- 综合布线系统各子系统设计

本章概述

本章首先介绍了常用的绘图工作软件、综合布线图例、局域网的拓扑结构，然后详细介绍了综合布线中的各个子系统的概念、设计方法、设计原则及各子系统的布线具体要求。

2.1 绘图工具软件介绍

综合布线系统的设计需经过方案设计、平面施工图设计、竣工验收资料的汇编等诸多环节，在各个环节中，均有大量图样需绘制，选取合适的绘图软件并熟练使用绘图软件能有效地提升工程设计图样的质量。

本节简单介绍两款绘图软件，Office Visio 2007 和 AutoCAD 2008 是综合布线系统中经常用到的两款绘图效率高且功能强大的软件。Office Visio 2007 主要绘制结构框图，AutoCAD 2008 主要绘制平面施工图。

2.1.1 Office Visio 2007 简介

Office Visio 2007 可以绘制流程图、网络拓扑图、组织结构图、机械工程图等。它功能强大，并且与 Office 中的 Word 兼容。它可以帮助网络工程师创建商业和技术方面的图形，对复杂的概念、过程及系统进行组织和文档备案。在综合布线中用到的设备，如集线器、路由器、服务器、防火墙、无线访问点、MODEM 和大型机等图元文件都有模板，在项目设计中可直接选择使用。其工作界面如图 2-1 所示。

第二章　综合布线系统设计技术

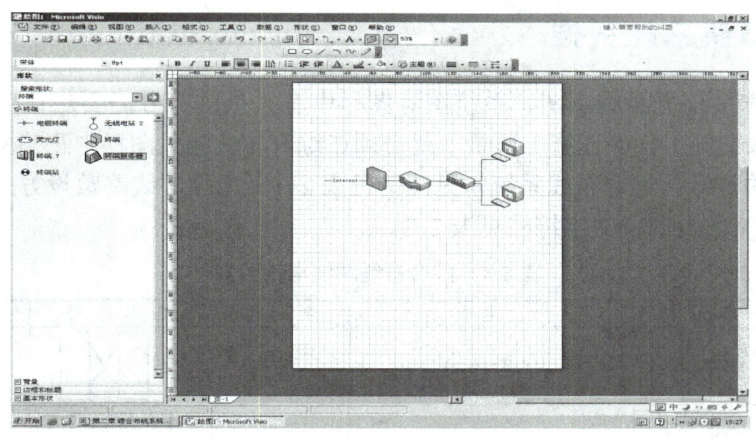

图 2-1　Office Visio 2007 的工作界面

2.1.2　AutoCAD 简介

AutoCAD（Auto Computer Aided Design）是美国 Autodesk 公司于 1982 年开发的自动计算机辅助设计软件，用于二维绘图、详细绘制、设计文档和基本三维设计，现已成为国际上广为流行的绘图工具。AutoCAD 具有如下特点：①具有完善的图形绘制功能；②具有强大的图形编辑功能；③可以采用多种方式进行二次开发或用户定制；④可以进行多种图形格式的转换，具有较强的数据交换能力；⑤支持多种硬件设备；⑥支持多种操作平台；⑦具有通用性、易用性，适用于各类用户。

AutoCAD 至今不断推陈出新，目前广泛应用的 AutoCAD 2008 中增加或增强了一些新的功能，它包含了 9 个新的控制台，包括图层、注解比例、文字、标注、多种箭头、表格、二维导航、对象属性以及块属性等多种控制，明显提升了概念设计和可视化操作的生产率，能帮助设计人员更快、更精确地处理大量的图形设计工作。其工作界面如图 2-2 所示。

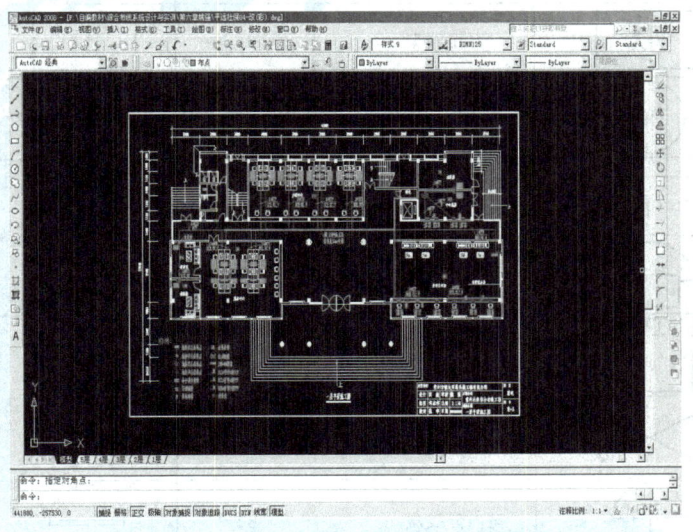

图 2-2　AutoCAD 2008 的工作界面

2.2 综合布线系统图例

在综合布线系统平面施工图、系统图等图样中有大量的符号,要想让工程施工人员正确识读图样,按图施工,保证施工质量,就必须在综合布线相关图样中正确标识线路敷设方式及敷设位置的符号。综合布线系统常见图例见表 2-1。常见的线路敷设方式文字符号见表 2-2。常见的线路敷设部位文字符号见表 2-3。

表 2-1 综合布线系统常见图例

序 号	图形符号	名 称	序 号	图形符号	名 称
1	CD ⊠	建筑群配线架	17	BD ⊠	建筑物配线架
2	FD ⊠	楼层配线架	18	SPC	程控交换机
3	HUB	集线器	19	LIU	光缆配线设备
4	⊹*	自动交换设备	20	MDF	总配线架
5	DDF	数字配线架	21	TP	语音信息点
6	TV	有线电视信息点	22	TO	信息插座
7	■	综合布线接口	23	A ⊠ B	架空交接箱
8	A ⊠ B	落地交接箱	24	⌂	防爆电话
9	A ⊠ B	壁龛交接箱	25	ODF	光纤配线架
10	VDF	单频配线架	26	IDF	中间配线架
11	PC	数据信息点	27	—○ TP	电话出线座
12	⌐	电源插座	28	●	电话出线盒
13	⌂	一般电话	29	⌂	按键式电话
14	▢	一般传真机	30	FD	楼层配线箱
15	⊠	综合布线通用配线架	31	CP	集合点
16	⌒	室内分线盒	32	⌒	室外分线盒

第二章　综合布线系统设计技术

（续）

序号	图形符号	名称	序号	图形符号	名称
33		光连接器	36		光纤光路中的转换接点
34		光衰减器	37		由上至下穿线
35		由下至上穿线			

表 2-2　常见的线路敷设方式文字符号

序号	中文名称	英文名称	旧符号	新符号
1	暗敷	Concealed	A	C
2	明敷	Exposed	M	E
3	铝皮线卡	Aluminum clip	QD	AL
4	电缆桥架	Cable tray	N/A	CT
5	金属软管	Flexible metallic conduit	N/A	F
6	水煤气管	Gas tube（pipe）	N/A	G
7	瓷绝缘子	Porcelain insulator（knob）	G	G
8	钢索敷设	Supported messenger wire	S	M
9	金属线槽	Metallic raceway	N/A	MR
10	电线管	Electrical metallic tubing	DG	T（MT）
11	塑料管	Plastic conduit	SG	P（PC）
12	塑料线卡	Plastic clip	N/A	PL（PLC）
13	塑料线槽	Plastic raceway	N/A	PR
14	钢管	Steel conduit	GG	S（SC）
15	半塑料管	Semi flexible PVC conduit	N/A	FPC
16	直接埋设	Direct burial	N/A	DB

表 2-3　常见的线路敷设部位文字符号

序号	中文名称	英文名称	旧符号	新符号
1	沿梁或跨梁敷设	Along or across beam	L	B（AB）
2	沿柱或跨柱敷设	Along or across column	Z	A（AC）
3	沿墙敷设	On wall surface	Q	W（WC）
4	沿天棚或顶面板敷设	Along ceiling or slab	P	CE
5	吊顶内敷设	In hollow spaces of ceiling	R	SCE
6	暗敷在梁内	Concealed in beam	N/A	BC
7	暗敷在柱内	Concealed in column	N/A	CLC
8	墙内敷设	In wall	N/A	W（WC）
9	地板下或地面下敷设	In floor ground	D	F（FR）
10	暗敷在屋面或顶板内	Concealed in ceiling or slab	N/A	CC

2.3 局域网拓扑结构

在计算机网络中,把计算机、终端、交换机路由器等设备抽象成点,把连接这些设备的通信线路抽象成线,并将由这些点和线所构成的拓扑称为网络拓扑结构。网络拓扑结构反映出网络的结构关系,它对于网络的性能、可靠性以及建设管理成本等都有着重要的影响。

局域网与广域网的一个重要区别在于它们覆盖的地理范围不同。由于局域网设计的主要目标是覆盖一个公司、一所大学或一幢甚至几幢大楼的"有限的地理范围",因此它在基本通信机制上选择了"共享介质"方式和"交换"方式。因此,局域网在传输介质的物理连接方式、介质访问控制方法上形成了自己的特点,在网络拓扑上主要有总线型拓扑、星形拓扑、树形拓扑、网状拓扑和环形拓扑几种结构。目前,使用综合布线系统完成布线主要采用星形拓扑、树形拓扑,本节重点对星形拓扑、树形拓扑进行简要说明,其他拓扑结构可参阅相关网络书籍。

1. 星形拓扑

星形拓扑是由中央节点和通过点对点链路接到中央节点的各站点(网络工作站等)组成,如图2-3所示。星形拓扑以中央节点为中心,执行集中式通信控制策略,因此中央节点相当复杂,而各个站的通信处理负担都很小,又称集中式网络。中央控制器是一个具有信号分离功能的"隔离"装置,它能放大和改善网络信号,外部有一定数量的端口,每个端口连接一个站点,如HUB(集线器)、交换机等。采用星形拓扑的交换方式有线路交换和报文交换,线路交换更为普遍,现有的数据处理和语音通信的信息网大多采用这种拓扑。一旦建立了通信的连接,可以没有延迟地在两个连通的站点之间传输数据。

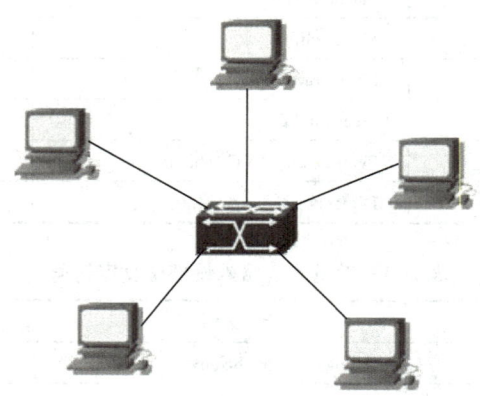

图2-3 星形拓扑的结构

星形拓扑的优点是:结构简单,管理方便,可扩充性强,组网容易;利用中央节点可以方便地提供网络连接和重新配置;单个连接点的故障只影响一个设备,不会影响全网,容易检测和隔离故障,便于维护。

星形拓扑的缺点是:每个站点直接与中央节点相连,需要大量电缆,因此费用较高;如果中央节点产生故障,则全网不能工作,所以对中央节点的可靠性和冗余度要求很高。

星形拓扑广泛应用于网络智能集中于中央节点的场合。目前,在传统的数据通信中,这种拓扑还占支配地位。

第二章 综合布线系统设计技术

2. 树形拓扑

网络节点呈树状排列，这一点就像一组互相连接的星形拓扑结构网络一样，因为单个的外围节点必须向其他节点发送信息或仅从其他节点接收信息，且不要承担转发或刷新的功能。跟星形网络不同的是，中心节点的功能可以为分布式的。主机按级分层连接，并不形成封闭的环路结构。树形拓扑的结构如图 2-4 所示。

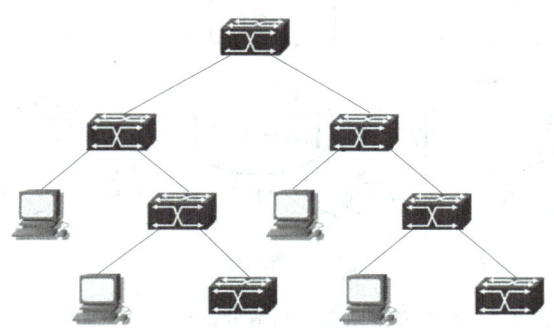

图 2-4 树形拓扑的结构

树形拓扑的优点是易于扩展和故障隔离。树形拓扑的缺点是对根的依赖性太大，如果根发生故障，则全网不能正常工作，对根的可靠性要求很高。

2.4 综合布线系统各子系统的设计

综合布线系统是指按标准的、统一的和结构化方式设计并实施各种建筑物（或建筑群）内各种系统的通信线路。因此，综合布线系统是一种标准通用的信息传输系统。

在第一章已初步讲解了综合布线系统的 6 个子系统，即工作区子系统、水平子系统、管理间子系统、垂直子系统、设备间子系统和建筑群子系统，如图 2-5 所示。

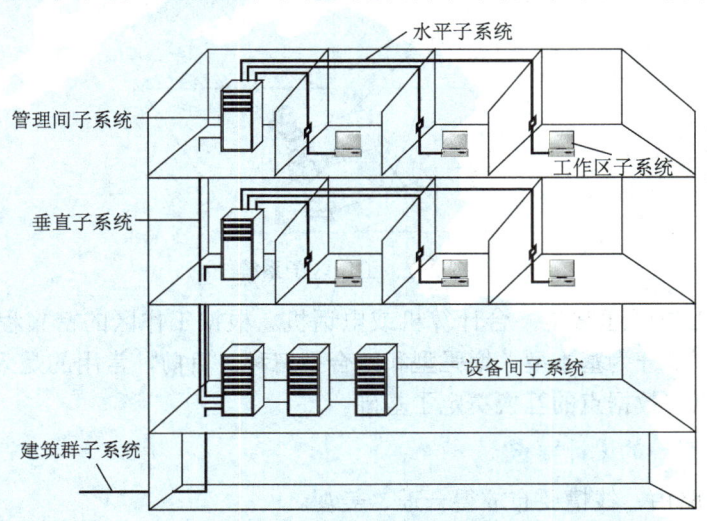

图 2-5 综合布线系统的结构

综合布线系统建设的最终目的是为数据网络系统提供高质量的传输信道。这就要求布线从设计到施工都必须围绕网络采用的技术和方案来进行。布线系统与网络设备区分的方法很简单：所有布线系统的组件都是无源的，而网络设备是有源的。如图2-6所示，终端设备连接工作区子系统再连接至水平子系统，再通过楼层配线架（FD）接入垂直子系统（室内光缆），建筑物配线架（BD）通过建筑群子系统接入网络中心的园区配线架（CD）。

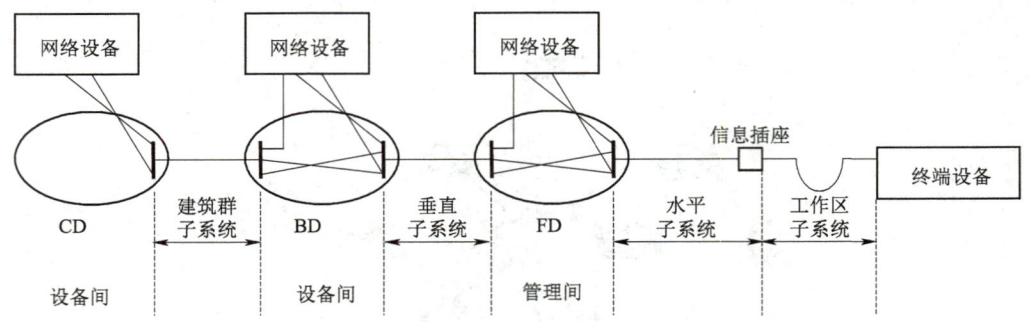

图2-6　综合布线系统与网络设备整合的层次结构

在本章中将详细介绍各子系统的设计。

2.4.1　工作区子系统的设计

工作区是用户工作、学习的区域，位于网络的末端。在综合布线工程设计时，应根据用户的当前需求和未来发展确定工作区的数量及在建筑物中的位置，并选择恰当的布线方法和设备。

1. 工作区子系统设计概述

工作区子系统由终端设备及其连接到水平子系统信息插座的跳接线（或软线）等组成。它包括信息插座、用户终端和连接所需要的跳线。常见的终端设备有电话机、计算机、仪器仪表、传感器和各种各样的信息接收机。工作区子系统如图2-7所示。

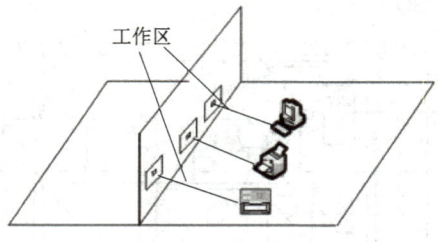

图2-7　工作区子系统

一个独立的工作区通常是一台计算机或电话机。根据工作区的密集程度和对信息的要求，其设计等级可以分为基本型、增强型和综合型三种。目前，常用的是采用增强型的设计等级，它为语音点与数据点的互换奠定了基础。

2. 工作区子系统的设计要点

1）工作区内路由、线槽要布放得合理、美观。

2）安装在墙壁上的信息插座底边沿线应距离地面30cm。

第二章　综合布线系统设计技术

3）信息插座与计算机终端设备的距离保持在 5m 以内。

4）每个工作区至少应配置一个 220V 交流电源插座，电源插座与信息插座的距离应保持 20cm 以上。

5）估算好所有工作区所需的信息模块、信息插座、面板的数量。信息模块的需求量一般为 $m=n+n\times3\%$。其中，m 表示信息模块的总需求量；n 表示信息点的总量；$n\times3\%$ 表示裕量。

6）在使用双绞线跳线时所需的 RJ-45 水晶头数量一般为 $m=n\times4+n\times4\times15\%$。其中，$m$ 表示 RJ-45 水晶头的总需求量；n 表示信息点的总量；$n\times4\times15\%$ 表示留有的裕量。

3. 工作区子系统的设计原则

（1）信息点布点原则

工作区信息点布点通常是根据工作区类型及功能来确定信息点的安装位置及安装数量。常见工作区信息点的配置见表 2-4。

表 2-4　常见工作区信息点的配置

工作区的类型及功能	安装位置	安装数量 数据	安装数量 语音
网管中心、呼叫中心、信息中心等终端设备较为密集的场地	工作台处墙面或者地面	1～2 个/工作台	2 个/工作台
集中办公区域的写字楼、开放式工作区等人员密集场所	工作台处墙面或者地面	1～2 个/工作台	2 个/工作台
董事长、经理、主管等独立办公室	工作台处墙面或者地面	2 个/间	2 个/间
小型会议室/商务洽谈室	主席台处地面或者台面 会议桌地面或者台面	2～4 个/间	2 个/间
大型会议室，多功能厅	收银区和管理区	5～10 个/间	2 个/间
>5000m² 的大型超市或者卖场	收银区和管理区	1 个/100m²	1 个/100m²
2000～3000m² 中小型卖场	收银区和管理区	1 个/30～50m²	1 个/30～50m²
餐厅、商场等服务业	收银区和管理区	1 个/50m²	1 个/50m²
宾馆标准间	床头或写字台或浴室	1 个/间，写字台	1～3 个/间
学生公寓（4 人间）	写字台处墙面	4 个/间	4 个/间
公寓管理室、门卫室	写字台处墙面	1 个/间	1 个/间
教学楼教室	讲台附近	1～2 个/工作台	
住宅楼	书房	1 个/套	2～3 个/套

（2）信息面板的选择

每个信息点面板的设计非常重要，既要考虑满足用户的使用功能，又要考虑美观，还要考虑费用成本等。

信息点插座底盒常见的有两种规格：适合在墙面或地面安装。墙面安装底盒为 86mm×86mm 的正方形盒子，有两个 M4 螺孔，孔距为 60mm，有暗装和明装两种方式。明装盒一般用塑料注塑，外形美观，暗装的底盒外观较粗糙。地面安装底盒较大，一般为 100mm×100mm 的正方形盒子，深度为 55mm（或 65mm），有两个 M4 螺孔，孔距为 84mm。地面安装底盒一般只有暗装底盒，用金属材料一次冲压成型，采用表面电镀处理，面板材料一般为黄铜。

墙面插座面板一般为塑料产品，只适合在墙面安装，价格在 5～20 元/只，有防尘盖。墙面插座面板有双口 RJ-45、双口 RJ-11、单口 RJ-45+单口 RJ-11 组合等规格。墙面插座不能安装在地面，因为塑料结构容易损坏，且不具备防水功能。

地弹插座面板一般为黄铜产品，适合在地面安装，价格在 100～200 元/只，具有防水、防尘、抗压功能，插座盖板盖上后应与地面平齐。地弹插座有双口 RJ-45、双口 RJ-11、单口 RJ-45+单口 RJ-11 组合等规格。外形有方形的也有圆形的。

信息插座是终端（工作站）与水平子系统连接的接口，每个工作区至少要配置一个插座盒。对于难以再增加插座盒的工作区，要至少安装两个分离的插座盒，如图 2-8 所示。

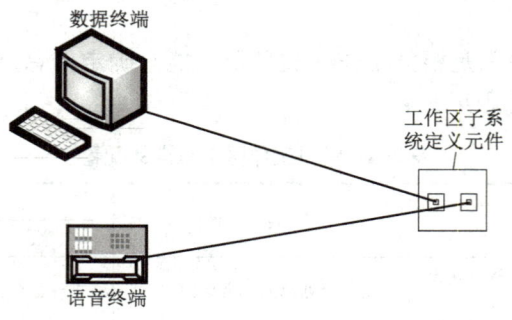

图 2-8　工作区子系统信息插座的连接

虽然适配器和其他设备可用在一种允许安装公共接口的 I/O 环境中，在设计之前，必须仔细考虑将要集成的设备类型和传输信号类型。主要考虑以下三个方面的因素：

1）每种设计选择方案在经济上的最佳折中。
2）系统管理的一些比较难以捉摸的随机因素。
3）在布线系统寿命期内，移动和重新布置所产生的影响。

4. 工作区子系统的布线方法

工作区内的布线主要有埋入式、高架地板布线式、护壁板式和线槽式等几种方式。

（1）埋入式

在房间内埋设线缆不外乎两种方式：一种是埋入地板垫层中；另一种是埋入墙壁内。在建筑物施工或装修时，根据需要在楼层的地板中或墙壁内预先埋入槽管，并在槽管内放置用于拉线的引线，以便日后布线时使用。这些属于隐蔽性工程。由于埋入式布线方式需要把线缆埋入地板垫层或墙壁内，因此比较适合于新建建筑物小房间工作区的布线。

（2）高架地板布线式

如果工作区的地面采用高架地板（如防静电地板），那么工作区布线可以采用高架地板布线方式。该方式非常适合于面积较大且信息点数量较多的场合，施工简单，管理方便，布线美观，并且可以随时扩充。目前的计算机机房大都采用这种方式。高架地板布线方式在地板下走线，先在高架地板下面安装布线槽，然后将从走廊地面或桥架中引入线缆穿入管槽，再连接至安装于地板的信息插座。也可以在高架地板下面直接布放线缆。

（3）护壁板式

所谓护壁板式，是指将布线管槽沿墙壁固定，并隐藏在护壁板内的布线方式。该方式无需剔挖墙壁和地面，也不会对原有的建筑造成破坏，因而被大量地用于旧楼的信息化改造。该方式通常使用桌上式信息插座，信息插座通常只能沿墙壁布放，因此适用于面积不大且信息点数量较少的场合。

（4）线槽式

对于一些旧的建筑，最简单的方式是采用在墙壁上敷设线槽（管）的方式来布线。当水平布线沿管槽从楼道中进入工作区时，可以直接连接至工作区内的布线线槽中，也可以再沿管道连接至墙壁上的信息插座。

当水平布线沿桥架从楼道中进入工作区时，应当在进入工作区时改换布线管槽，然后沿墙壁而下，通过管槽连接至地面上或墙壁上的各信息点。

2.4.2 水平子系统的设计

水平子系统将垂直系统延伸至用户工作区，包括从配线柜出发连接各个工作区的信息插座。水平子系统一般处于大楼的某一层，是综合布线工程中工程量最大、范围最广、最难施工的一个子系统。水平子系统的设计涉及水平子系统的传输介质、布线路由、管槽的设计、线缆长度的确定、线缆的标志和设备的配置等。水平子系统如图2-9所示。

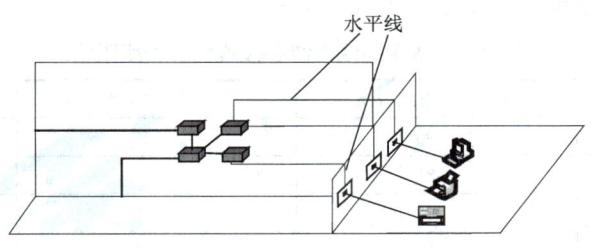

图2-9　水平子系统

水平子系统的设计包括网络拓扑结构、设备配置、缆线选用和确定缆线最大长度等。它们虽然各自独立，但又密切相关，在设计中需要综合考虑。

水平子系统的网络拓扑结构都为星形结构，它是以楼层配线架为主节点，各个通信引出端为分节点，二者之间采取独立的线路相互连接，形成以楼层配线架（FD）为中心向外辐射的星形线路网。这种网络拓扑结构的线路长度较短，有利于保证传输质量、降低工程造价以及便于维护管理。

1. 水平子系统的技术要求

水平电缆是从楼层配线间布放到工作区，其布线路由上可能存在与电源电缆并线的问题。为了减少电磁干扰（EMI）对通信电缆的影响，同时也减少通信电缆的EMI对外界电子设备的影响，当水平布线通道内同时安装电信电缆和电源电缆时，电缆敷设要符合以下几项要求。

1）屏蔽的电源电缆与电信电缆并线时不需要分隔。
2）可以用电源管道（金属或非金属）来分隔通信电缆与电源电缆。
3）对非屏蔽的电源电缆，敷设时的最小距离为10cm。
4）在工作站的信息口或间隔点，电信电缆与电源电缆的距离最小应为6cm。

2. 水平布线线缆的长度限制

水平布线线缆的长度等于楼层配线间到工作区信息插座的缆线长度。根据我国通信行业标准规定，水平子系统的双绞线最大长度为 90m。水平布线系统中各部分的距离限制如图 2-10 所示。

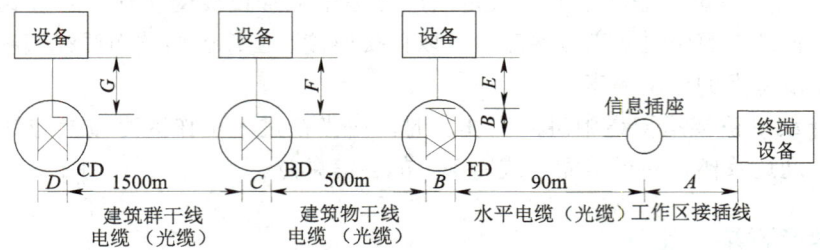

图 2-10　水平布线系统中各部分距离

1) $A+B+E \leqslant 10m$：水平子系统中工作区电缆、设备线缆和接插线或跳线的总长度。
2) $C+D \leqslant 20m$：建筑物配线架或建筑群配线架上的接插线或跳线长度。
3) $F+G \leqslant 30m$：在建筑物配线架或建筑群配线架上的设备电缆（光缆）长度。

水平布线系统各段线缆的长度限值可参照表 2-5。

表 2-5　水平布线系统各段线缆的长度限值

电缆总长度 /m	水平布线电缆 H/m	工作区电缆 W/m	电信间跳线和设备电缆 D/m
100	90	5	5
99	85	9	5
98	80	13	5
97	75	17	5
97	70	22	5

也可按下式计算：

$$C=(102-H)/1.2$$
$$W=C-5$$
$$C=W+D$$

其中，D 为电信间跳线和设备电缆的总长度；W 为工作区电缆的最大长度，且 $W \leqslant 22m$；H 为水平电缆的长度。

3. 水平子系统的审美要求

在水平布线部分，每一楼层的电缆从管理间到工作区敷设时，缆线最好隐藏在天花板、线槽或地板内。如果暴露在外，要保证电缆排列整齐，力求使电缆在屋角内以及天花板内和护壁接合处走线。

4. 管道缆线的布放根数

在水平布线系统中，缆线必须安装在线槽或线管内。在建筑物的墙体内或地面内暗设布线时，需选择线管；而在建筑物墙明装布线时，宜选择线槽，这也符合水平子系统布线审美的要求。线槽的规格型号与容纳双绞线的最多条数见表 2-6。

表 2-6　线槽的规格型号与容纳双绞线的最多条数

线槽/桥架类型	线槽/桥架规格/mm	容纳双绞线的最多条数	截面积利用率（%）
PVC	20×12	2	30
PVC	25×12.5	4	30
PVC	30×16	7	30
PVC	39×19	12	30
金属、PVC	50×25	18	30
金属、PVC	60×30	23	30
金属、PVC	75×50	40	30
金属、PVC	80×50	50	30
金属、PVC	100×50	60	30
金属、PVC	100×80	80	30
金属、PVC	150×75	100	30
金属、PVC	200×100	150	30

线管的规格型号与容纳双绞线的最多条数见表2-7。

表 2-7　线管的规格型号与容纳双绞线的最多条数

线管类型	线管规格/mm	容纳双绞线的最多条数	截面积利用率（%）
PVC、金属	16	2	30
PVC	20	3	30
PVC、金属	25	5	30
PVC、金属	32	7	30
PVC	40	11	30
PVC、金属	50	15	30
PVC、金属	60	23	30
PVC	80	30	30
PVC	100	40	30

5. 水平子系统的布线方式

水平布线就是将线缆从楼层配线间连接到工作区的信息输入/输出（I/O）插座上。设计要根据建筑物的结构特点，从布线规范、便于施工、路由（线路）最短、工程造价低、美观和扩充方便等几个方面考虑。在设计过程中，往往会存在一些矛盾，考虑了布线规范又影响了建筑物的美观，考虑了路由长短又增加了施工难度等。所以，设计水平子系统时必须折中考虑，选择最佳的方案。

一般有以下几种路由设计类型：直接埋管式、先走吊顶线内线槽再走支管到信息出口的方式、线槽方式。其他方案都是以这几种方式为基础的改进方式或综合方式。具体敷设方式见表2-8。

表 2-8 管道的敷设方式示例图

管道的敷设方式	图 示
天花板内部布线法	(示意图：转接点、双绞线电缆、来自配线间、信息插座、公用立柱)
地面线槽布线方式	(示意图：电源插座、信息插座、线缆引入、混凝土楼板、可开启盒盖、线槽、分线盒、线缆)
高架地板布线方式	(示意图：信息插座、电源插座、墙面、地板电源插座、地板信息插座、150~300mm、双绞线电缆、电源线、地板支架或龙骨)
墙面线槽方式	(示意图：塑料槽、阳角、阴角、顶三通、右三通、左三通、终端头、平三通、接线盒)
走廊桥架	(示意图：走廊桥架、双绞线电缆（光缆）、桥架支撑)
护壁板管道布线方式	(示意图：护壁板、电力电缆和通信电缆（由通道和金属隔板分开）、接线盒、管道、线槽)

（续）

管道的敷设方式	图　示
地板导管布线方式	
模制管道布线方式	

图 2-11 是水平部分电缆沿公共的水平线槽分支到工作区各个插座的直观示意图。

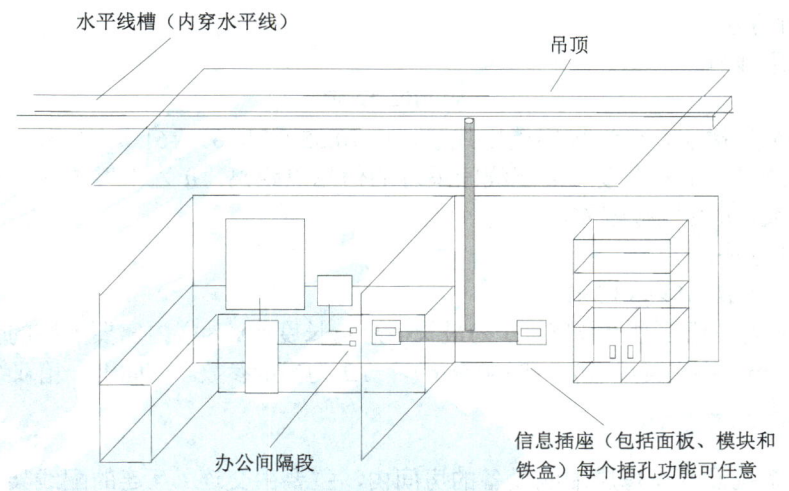

图 2-11　水平子系统电缆布线示例

RJ-45 埋入式信息插座与其旁边电源插座应保持 20cm 的距离，信息插座和电源插座的低边沿线距地板水平面 30cm。插座位置示例如图 2-12 所示。

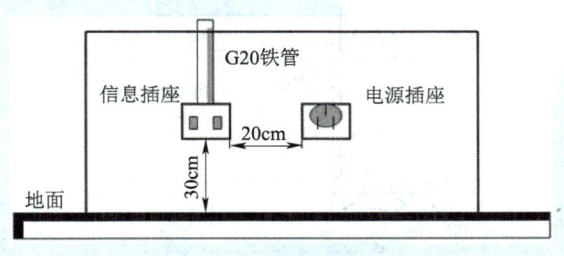

图 2-12　插座位置示例

6. 水平子系统线缆类型的选择和材料核算

水平子系统所需的材料主要是线缆、管材和布线所需的桥架等一些材料。

（1）线缆类型的选择

线缆类型的选择由用户要求和布线环境决定。线缆应按照以下原则选用：

1）水平子系统通常采用超五类或六类非屏蔽双绞线。

2）对于传输速率和安全要求高的，可选用光纤。

3）水平线缆长度应在 90m 内。

（2）材料核算

在核算水平子系统所需的线缆时，必须考虑线缆介质的布线方法和线缆走向，确认设备间的接线距离，并预留端接容差。

双绞线电缆的计算公式有 3 种，现将 3 种方法介绍如下。

1）第 1 种方法。

$$订货总量 = 总长 + 备用部分 + 端接容差$$
$$订货总量（总长度 M）= 所需总长 + 所需总长 \times 10\% + N \times 6$$

所需总长：N 条布线电缆所需的理论长度。

备用部分：所需总长 $\times 10\%$。

端接容差：$N \times 6$。

2）第 2 种方法。

整幢楼的用线量

$$W = \sum NC$$

公式中，N 为楼层，C 为每层楼用线量，$C = [0.55 \times (L+S) + 6] \times n$，$L$ 为本楼层离配线间最远的信息点距离，S 为本楼层离配线间最近的信息点距离，n 为本楼层的信息插座总数，0.55 为备用系数，6 为端接容差。

3）第 3 种方法。

$$总长度 = (A+B)/2 \times n \times 3.3 \times 1.2$$

公式中，A 为最短信息点长度；B 为最长信息点长度；n 为楼内需要安装的信息点数；3.3 为系数，将米（m）换成英尺（ft，1ft=30.5cm）；1.2 为裕量参数。市面上一箱双绞线是 305m。

2.4.3 管理间子系统的设计

管理间子系统设置在每层配线设备的房间内，主要由交连/互连的配线架、跳线和管理标志组成。管理间子系统如图 2-13 所示。

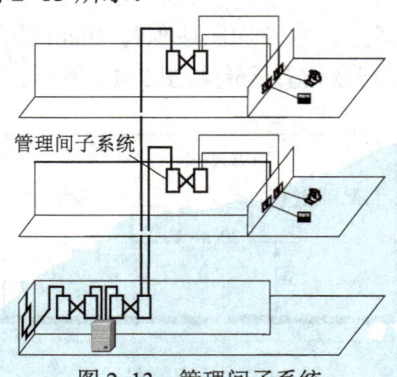

图 2-13 管理间子系统

第二章 综合布线系统设计技术

1. 配线架的连接方式

配线架的连接是通过跳线连接安排或者重新安排线路的路由，管理整个用户终端，从而实现综合布线系统的灵活性。配线间内的配线架与网络设备的连接方式有两种：互相连接和交叉连接。

（1）互相连接

互相连接属于集中型管理。所谓互相连接是指水平线缆一端连接至工作间的信息插座，另一端连接至配线间的配线架。配线架和网络设备通过接插软线方式进行连接。互相连接方式如图2-14所示。

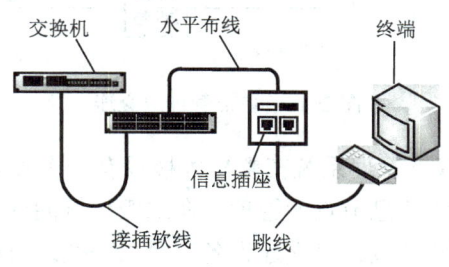

图2-14 互相连接方式

（2）交叉连接

交叉连接属于集中分散型管理。所谓交叉连接是指在水平链路中安装两个配线架。水平线缆一端连接至工作间的信息插座，一端连接至配线间的配线架，网络设备通过接插软线连接至另一个配线架，再用多条接插软线连接两个配线架。

交叉连接通常可分为单点管理单交连、单点管理双交连、双点管理双交连三种方式。

1）单点管理单交连。单点管理单交连只有一个管理单元，负责各信息点的管理。通常，线路不进行跳线管理，直接连至用户工作区。这种方式使用的场合较少，其结构如图2-15所示。

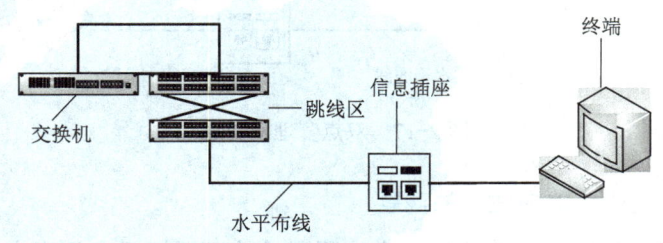

图2-15 单点管理单交连

2）单点管理双交连。管理间子系统宜采用单点管理双交连。单点管理双交连是指位于设备间里面的交换设备或互连设备附近（进行跳线管理），通过硬件线路实现不进行跳线管理，直接连至配线间里面的第二个接线交接区。如果没有配线间，第二个交连可放在用户间的墙壁上。这种连接的优点是易于布线施工，适合于楼层高、信息点多的场所。单点管理双交连如图2-16所示。

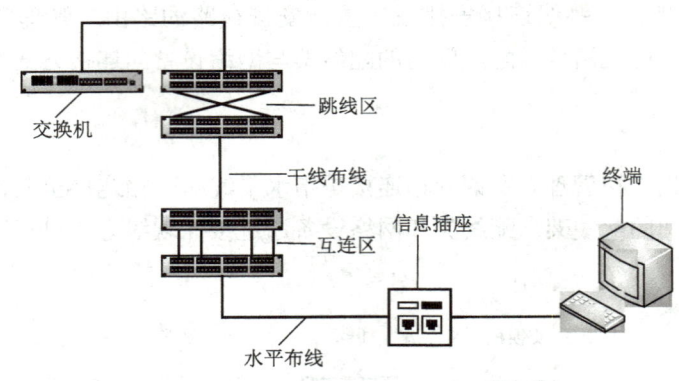

图 2-16　单点管理双交连

3）双点管理双交连。双点管理系统在整栋大楼设有一个设备间，在各楼层还分别设有管理间子系统，负责该楼层的信息节点的管理。在二级交接间或用户房间的墙壁上，还有第二个可管理的交连。双交接要经过二级交连设备。第二个交连可能是一个连接块，它对一个接线块或多个终端块（其配线场与专用小交换机干线电缆和水平电缆站场各自独立）的配线和站场进行组合。双点管理双交连如图 2-17 所示。

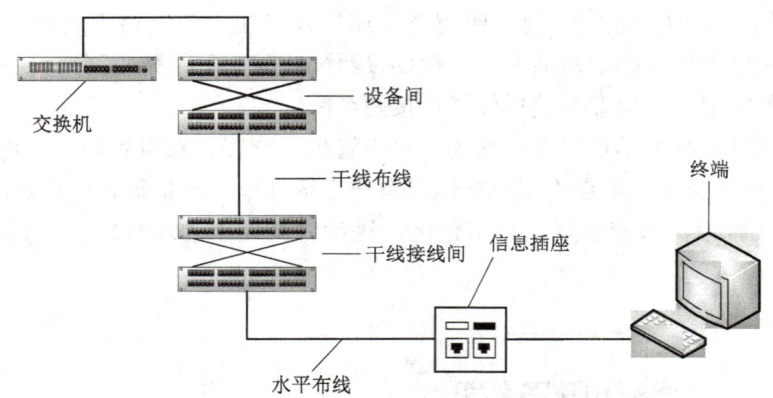

图 2-17　双点管理双交连

2. 管理间子系统设计时应注意的问题

1）确定干线通道和管理间的数目，应从所服务的可用楼层空间来考虑。如果在给定楼层所要服务的信息插座都在 75m 范围以内，则宜采用单干线接线系统。凡超出这一范围的，可采用双通道或者多个通道的干线系统。

2）管理间兼做设备间时，其面积不应小于 $10m^2$。管理间的面积为 $1.8m^2$ 时（1.2m×1.5m），可容纳端接 200 个工作区所需的连接硬件和其他设备。如果端接的工作区超过 200 个，则在该楼层增加 1 个或多个二级管理间，其设置要求应该符合表 2-9 的规定或根据设计需要确定。

第二章　综合布线系统设计技术

表 2-9　管理间的设置

工作区数量 / 个	管理间数量 / 个，面积 /m²	二级管理间数量 / 个，面积 /m²
≤ 200	1，≥ 1.2×1.5	0
201 ~ 400	1，≥ 1.2×2.1	1，≥ 1.2×1.5
401 ~ 600	1，≥ 1.2×2.7	1，≥ 1.2×1.5
>600	2，≥ 1.2×2.7	一个管理间最多可以支持两个二级管理间

3）管理间采用模块式配线架与水干线缆端接，可为多系统应用提供最大灵活性，整个系统采用双点管理。

4）为了在管理间内建立一个经过仔细调节的、安全而又得到保护的环境，建议要做到以下几点。

① 温度保持在 18 ~ 27℃ 之间，相对湿度保持在 30% ~ 55%（需采用非冷凝型空调），且每周 7 天、每天 24 小时均要符合此要求。

② 室内无尘，通风良好，照度至少达到 323lx（30ft 烛光）。

③ 安装合适的、符合法规要求的消防系统（如果采用湿型消防系统，则不要把喷洒头直接对准电子装置）。

④ 使用防火门，至少能耐火 1h 的防火墙（从地板到天花板）和阻燃漆。

⑤ 提供合适的门锁，至少有一扇窗留做安全出口。

⑥ 提供离地板至少 2.55m 高度的无障碍的空间，门的大小至少为 210cm×90cm（高×宽），地板的载重能力至少为 500kg/m²。

⑦ 凡是要安装布线硬件的地方，墙壁均要覆盖涂有阻燃漆的 3/4in（1.90cm）厚的胶合板，或者采用耐火胶合板，视当地情况而定。

3. 管理间子系统的布线材料

几层共享一个管理间子系统的做法已渐渐不适应综合布线的需要，对于高层建筑而言，综合布线时需考虑在每一楼层均设立一个管理间，用来管理该层的信息点，这也是布线系统的发展趋势。

管理间一般有以下设备：

1）机柜或机架。
2）交换机。
3）可选设备，包括光电收发器、UPS 等。

配线架的选用原则：

1）配线架应与水平线缆的类型相适应。
2）如水平线缆中部分采用光缆，应配有光缆终端盒。
3）应根据信息点的数量选择合适的数量端口的配线架。
4）用于数据传输的双绞线尽量不要选用 110 配线系统。

跳线的选用原则：

1）跳线与水平线选用线缆类型一致。

2）跳线的长度不超过 5m。

3）当采用模块化配线架时，根据端子的不同，接插端子的软线接头类型应不同。

4. 管理间子系统的工程技术

（1）机柜的安装要求

GB 50311—2007《综合布线系统工程设计规范》对机柜的安装要求：一般情况下，综合布线系统的配线设备和计算机网络设备采用 19" 标准机柜安装。机柜尺寸通常为 600mm（宽）×900mm（深）×2000mm（高），共有 42U 的安装空间。如图 2-18 所示，机柜内可安装光纤连接盘、模块式配线架、110 配线架、理线器、交换机等设备。如果按建筑物每层电话和数据信息点各为 200 个考虑配置上述设备，大约需要有 2 个 19"（42U）的机柜，由此测算电信间面积至少应为 $5m^2$（2.5m×2.0m）。测算时要注意机架或机柜前面的净空不应小于 800mm，后面的净空不应小于 600mm。壁挂式配线设备底部离地面的高度不宜小于 300mm。

图 2-18　42U 机柜及已布线机柜

（2）电源的安装要求

设备间应提供不少于两个 220V 带保护接地的单相电源插座，但不作为设备供电电源。设备间如果安装电信设备或其他信息网络设备时，设备供电应符合相应的设计要求。

2.4.4　垂直子系统的设计

垂直子系统的作用是用于连接管理间子系统与设备间子系统，是综合布线的主动脉。垂直子系统如图 2-19 所示。

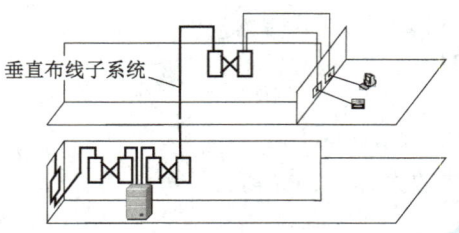

图 2-19　垂直子系统

1. 垂直干线设计要点

垂直子系统的设计，既要满足用户当前的业务需要，还要适应今后的发展。设计垂直子系统时要考虑以下几点：

1）结合整栋楼的干线要求。根据实际情况确定是选择铜缆还是选择光缆，如果主干距离不超过 100m，并且网络设备主干连接采用 1000Base-T 端口时，从节约成本角度考虑，可

第二章　综合布线系统设计技术

选用超五类双绞线作为主干网络。

2）确定从楼层到设备间的干线电缆路由。垂直子系统的结构一般是星形结构（有些是由星形派生出来的树状星形），因此布线走向应遵循干线最短的原则。

3）确定管理间配线方式。

4）确定敷设时附加横向电缆的支撑结构。

2. 垂直子系统的布线距离

综合布线中，垂直子系统布线的最大距离有一定的要求，即建筑群配线架（CD）到楼层配线架（FD）间的距离不应超过2000m，建筑物配线架（BD）到楼层配线架（FD）的距离不应超500m。

通常将设备间的主配线架设在建筑物的中部附近，使线缆的距离最短。若超出上述距离限制，可以分成以下几个区域布线，使每个区域满足相应的距离要求。

1）采用单模光缆时，建筑群配线架到楼层配线架的最大距离可以延伸到3000m。

2）采用超五类双绞线电缆时，传输速率超过100Mbit/s的高速应用系统，布线距离不宜超过90m，否则，宜选用单模或多模光缆。

3）在建筑群配线架和建筑物配线架上，接插软线和跳线长度不宜超过20m，超过20m的长度应从允许的干线缆最大长度中扣除。这里规定的最大距离，不一定适用于传输介质和应用系统的任意组合。因为水平子系统和垂直子系统布线的距离与信息传输速率、信息编码技术以及选用的线缆和相关连接硬件有关。具体施工要求需查阅相关技术要求。

3. 垂直子系统线缆的选择

在实际设计中，可根据建筑物的楼层面积、建筑物的高度和建筑物的用途来选择垂直子系统线缆的类型。在垂直子系统中可采用以下三种类型的线缆：

1）100Ω 双绞电缆。

2）8.3μm/125μm 单模光缆。

3）50μm/125μm 或 62.5μm/125μm 多模光缆。

4. 垂直子系统的布线要求

垂直子系统的布线要求见表2-10。

表2-10　垂直子系统的布线要求

线缆	敷设要求
光纤电缆	1）光纤电缆敷设时不应该绞结 2）在室内布线时要走线槽 3）光纤电缆在地下管道中穿过时要用PVC管 4）光纤电缆需要拐弯时，其曲率半径不能小于30cm 5）光纤电缆的室外裸露部分要加铁管保护，铁管要固定牢固 6）光纤电缆不要拉得太紧或太松，并要有一定的膨胀收缩裕量 7）光纤电缆埋地时，要加铁管保护
双绞线	1）双绞线敷设时线要平直，走线槽，不要扭曲 2）双绞线的两端点要标号 3）双绞线的室外部要加套管，严禁搭接在树干上 4）双绞线不要拐硬弯

另外，设计主干线时，还需注意以下问题：

1）网线一定要与电源线分开敷设，但可以与电话线及有线电视的电缆置于同一线管中。布线时，拐角处不能将网线折成90°。

2）强电与弱电应当分置于不同的竖井中，如不得已必须使用一个竖井，必须分置于不同的桥架中，且彼此相隔30cm。

3）必须实行分级连接。主干连线只用于连接楼层各交换机，而不能用于直接连接用户的终端设备。

4）主干布线如果用做语音通信时要用大对数双绞线电缆。

5. 垂直子系统的路由

垂直子系统的路由应力求使干线电缆的长度最短、路由最安全、便于施工、符合网络结构要求，以满足用户信息点和缆线分布的需要。为此，主干路由应选在该管辖区域的中间，使楼层管路和水平布线的平均长度适中，这有利于保证信息传输质量和减少管线设施的费用。为了使干线路由最短，通常将设备间主配线架放置于大楼的中间位置，如果距离超过电缆所规定的最大距离限制，则要设置一中间设备间，进行二级干线交接。

垂直子系统中的主干线路总容量的确定，应根据综合布线系统中语音和数据信息共享的原则和设计的等级进行估计推算，并适当考虑今后的发展余地。

6. 垂直子系统通道的选择

（1）电缆孔方法

干线通道中所用的电缆孔是很小的管道，通常用一根或数根直径为63～102mm的金属管预埋在楼板内，金属管高出地板25～50mm；也可在地板中预留大小适当的孔洞。电缆往往捆在钢绳上，而钢绳又固定到墙上已铆好的金属条上。当配线间上下都对齐时，一般采用电缆孔方法。孔路由结构如图2-20所示。

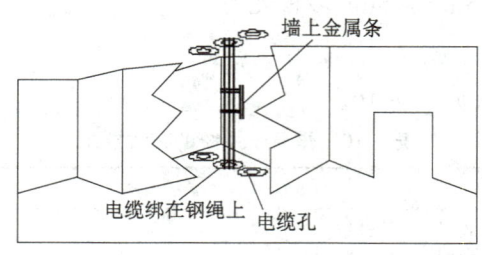

图2-20 孔路由结构

（2）电缆井方法

电缆井方法常用于干线通道。电缆井是指在每层楼板上开出一些方孔，一般宽度为300mm，并有25mm高的井栏，具体大小根据布线数量而定，如图2-21所示。与电缆孔方法一样，电缆也是捆在地板三脚架上或箍在支撑用的钢绳上，钢绳靠墙上金属条或地板三脚架固定住。也可以在离电缆井很近的墙上设置立式金属架，这样可以支撑很多电缆。电缆井的选择性非常灵活，可以让粗细不同的各种电缆以任何组合方式通过。

第二章　综合布线系统设计技术

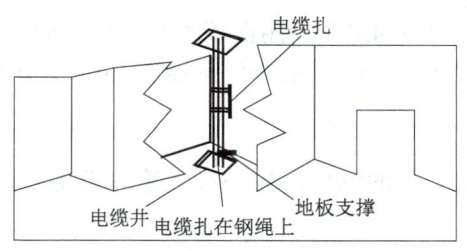

图 2-21　电缆井路由结构

2.4.5　设备间子系统的设计

设备间是在每栋大楼的适当地点设计进线设备，进行网络管理以及管理人员值班的场所。设备间通常位于大楼的中间部位，由综合布线系统的建筑物进线设备、交换机设备、服务器和计算机等设备组成，是综合布线系统中最重要的管理区域。

1. 设备间位置的选择

设备间是综合布线系统的关键部分，因为它是外界引入（包括公用通信网或建筑群体间主干布线）和楼内布线的交汇点，所以确定设备间的位置极为重要。设备间位置的选择应考虑以下几个因素：

1）应尽量位于干线综合体的中间位置，以使干线路由最短。

2）应尽可能靠近建筑物电缆引入区和网络接口。

3）应尽量靠近电梯，以便搬运大型设备。

4）应尽量远离高强振动源、强噪声源、强电磁场干扰源和易燃易爆源。

5）设备间应该能为将来可能安装的设备提供足够的空间，另外还要按照本地法规确定其接地及消防安全方案。

6）设备间的位置应选择在环境安全、干燥通风、清洁明亮和便于维护管理的地方。设备间的附近或上面不应有渗漏水源，设备间不应存放易腐蚀、易燃、易爆物品。

7）设备间的位置应便于安装接地装置，根据房屋建筑的具体条件和通信网络的技术要求，按照接地标准选用切实有效的接地方式。

楼群（或大楼）主交接间（MC）宜选在楼群中最主要的一座大楼内，且最好离电信公用网最近。若条件允许，最好将主交接间与大楼设备间合二为一。

2. 设备间的空间要求

设备间的主要设备有数字程控交换机、计算机、配线架等，它是管理人员和维护人员进行工作的场合，因此设备间要有足够的空间，使用面积不能太小。设备空间（从地面到天花板）应保持 2.5m 高度的无障碍空间；门的大小为高 2.1m，宽 90cm；主交接间与设备间的门开启方向须向外；地板承重能力不能低于 500kg/m^2。

设备间内的所有进线及终端设备，应该采用色标标志以区别各种不同用途的配线区，从而便于用户对整个系统的维护。

设备间的面积和净高，应根据智能化建筑的规模、安装设备的数量、规格和网络结构要求以及今后发展需要等因素综合考虑。当设备间和主交换间合二为一时，总面积应不小于二者分立时的面积要求之和。设备间最小使用面积不得小于 $20m^2$，无障碍空间不低于 2.4m。主交接间面积、净高选取原则可按每 1500 个信息插座 $15m^2$ 来计算。

3. 设备间的环境要求

由于设备间是存放公用设备的场所，也是日常管理设备的地方，因此设备间子系统设计时要对环境问题认真考虑。

（1）温度和湿度

网络设备是由电子元器件构成的，为了能使其稳定可靠地工作，对设备间的温度和湿度有一定的要求。一般将温度和湿度分为 A、B、C 三级，设备间可按某一级执行，也可按某几级综合执行，具体指标见表 2-11。

表 2-11 设备间温度和湿度指标

项 目	A 级指标	B 级指标	C 级指标
温度/℃	22±4（夏季），18±4（冬季）	12～30	8～35
相对湿度（%）	40～65	35～70	30～80
温度变化率/（℃/h）	小于 5 时设备间不凝露	大于 0.5 时设备间不凝露	小于 15 时设备间不凝露

设备间的温度、湿度和尘埃，对微电子设备的正常运行及使用寿命都有很大的影响。过高的室温会使元器件失效率急剧增加，使用寿命下降；过低的室温又会使磁介质等发脆，容易断裂。温度的波动会产生"电噪声"，使微电子设备不能正常运行。相对湿度过低，容易产生静电，对微电子设备造成干扰；相对湿度过高，会使微电子设备内部焊点和插座的接触电阻增大。尘埃或纤维性颗粒积聚、微生物的作用还会使导线腐蚀，进而断掉。因此，在设计设备间时，除了按 GB/T 2887—2000《电子计算机场地通用规范》执行外，还应根据具体情况选择合适的空调系统。

设备间的热量主要由如下几个方面产生：

1）各种电子设备发出的热量。
2）照明灯具发出的热量。
3）设备间外围结构发热量。
4）室内工作人员发热量。
5）室外补充新鲜空气带入的热量。

计算出上列总发热量再乘以系数 1.1，就可以作为空调器的负荷，据此选择空调设备。

（2）空气

设备间内应保持空气洁净，有良好的防尘措施，并防止有害气体侵入。允许有害气体和尘埃含量的限值分别见表 2-12 和表 2-13。表中规定的灰尘粒子应是不导电的、非铁磁性和非腐蚀性的。

表 2-12 有害气体限值　　　　　　　　　　　（单位：mg/m^3）

有害气体	二氧化硫（SO_2）	硫化氢（H_2S）	二氧化氮（NO_2）	氨气（NH_3）	氯气（Cl_2）
平均限值	0.2	0.006	0.04	0.05	0.01
最大限值	1.5	0.03	0.15	0.15	0.3

第二章 综合布线系统设计技术

表2-13 允许尘埃的限值

灰尘颗粒的最大直径 /μm	0.5	1.0	3.0	5.0
灰尘颗粒的最大浓度 /（粒子数 /m³）	1.40×10⁴	7.00×10⁵	2.40×10⁵	1.30×10⁵

（3）照明

设备间内在距地面0.8m处照度不应低于200lx。还应设事故照明，在距地面0.8m处照度不应低于5lx。

（4）噪声

设备间的噪声应小于70dB。如果70～80dB噪声持续不断，不但影响人的身心健康和工作效率，还可能造成人为的噪声事故。

（5）电磁场干扰

设备间内无线电干扰场强，频率应在0.15～1000MHz的范围内，噪声不大于120dB；设备间内磁场干扰场强不大于800A/m。

（6）电源

1) 设备间供电电源设备间供电电源应满足下列要求。

频率：50Hz。

电压：380V/220V。

相数：三相五线制、三相四线制或单相三线制。

依据设备的性能允许以上参数的变动范围见表2-14。

表2-14 设备的性能允许电源变动的范围

项　　目	A级指标	B级指标	C级指标
电压变动（%）	−5～5	−10～7	−15～10
频率变化 /Hz	−0.2～0.2	−0.5～0.5	−1～1
波形失真率（%）	≤5	≤5	≤10

2) 设备间内供电容量。将设备间内存放的每台设备用电量的标称值相加后，再乘以系数就是该设备间的总用电量。从电源间到设备间使用的电缆，除应符合GB 50303—2002《建筑电气工程施工质量验收规范》中配线工程规定外，载流量应减少50%。设备间内设备用的配电柜应设置在设备间内，并应采取防触电措施。

设备间应采用UPS，以防止停电造成网络通信中断。UPS应提供不少于2h的后备供电能力。UPS功率的大小应根据网络设备功率进行计算，并具有0%～30%的冗余量。设备间内的各种电力电缆应为耐燃铜芯屏蔽的电缆。各电力电缆（如空调设备、电源设备所用的电缆等）和供电电缆不得与双绞线走向平行，交叉时，应尽量以接近于垂直的角度交叉，并采取防燃措施。各设备应选用铜芯电缆，严禁铜、铝混用。

3) 设备间内设备接地。设备间的防雷接地可单独接地或与大楼接地系统共同接地。接地要求每个配线架都应单独引线至接地体。保护地线的接地电阻值：单独设置接地体时，电阻不应大于2Ω；采用和大楼共同接地时，接地电阻不应大于1Ω。

设备间电源应具有过电压、过电流保护功能，以防止对设备的不良影响和冲击。

（7）地面

为了方便表面敷设电缆线和电源线，设备间地面最好采用抗静电活动地板，其系统电阻应在 1～10Ω 之间，具体要求应符合 SJ/T 10796—2001《防静电活动地板通用规范》。

带有走线口的活动地板称为异形地板，其走线应做到光滑，防止损伤电线、电缆。设备间地面所需异形地板的块数，可根据设备间所需引线的数量来确定。

设备间地面切忌铺地毯，其原因一是容易产生静电；二是容易积灰尘。放置活动地板的设备间的建筑地面应干净、光洁、防潮、防尘。

（8）墙面

设备间的墙面应达到既美观、环保，又要符合计算机机房的防尘、防水、放火、防屏蔽的要求。机房内功能区的分隔处，应采光性能好，简洁明快，科学合理，不能过于繁琐。

墙面应选择不易产生尘埃，也不易吸附尘埃的环保型材料。目前大多数是在平滑的墙壁涂阻燃漆，或在平滑的墙壁覆盖耐火的胶合板。

（9）顶棚

为了吸收噪声及布置照明灯具，设备间的顶棚一般在建筑物梁下加一层吊顶。吊顶材料应满足防火要求，如石英板等。

（10）隔断

根据设备间放置的设备及工作需要，可用玻璃将设备间隔成若干个房间。隔断时可以选用防火的铝合金或轻钢做龙骨，安装 10mm 厚玻璃，或从地板面至 1.2m 处安装难燃双塑板，1.2m 以上安装 10mm 厚玻璃。

（11）消防（建筑物防火）

A、B 类设备间应设置火灾报警装置。在机房内，活动地板和吊顶地板下、吊顶上方、主要的空调管道中及易燃物附近部件，都应设置烟感和温感探测器。防火等级见表 2-15。

表 2-15　防火等级

防火等级	内　　容
A 类	建筑物的耐火等级必须符合 GB 50045—1995《高层民用建设设计防火规范（2005 版）》中规定的一级耐火等级
B 类	建筑物的耐火等级必须符合 GB 50045—1995《高层民用建设设计防火规范（2005 版）》中规定的二级耐火等级
C 类	建筑物的耐火等级不应低于 GB 50016—2006《建筑设计防火规范》中规定的三级耐火等级

注：A、B、C 类设备间，禁止使用水、干粉或泡沫等易产生二次破坏的灭火剂。内部装修应根据 A、B、C 三类等级要求，设备间进行装修时，装饰材料应符合 GB 50016—2006《建筑设计防火规范》中规定的难燃材料或非燃材料，应能防潮、吸收噪声、不起尘、抗静电等。

（12）安全

设备间的安全可分为以下三个基本类别：

1）对设备间的安全有严格的要求，有完善的设备间安全措施。

2）对设备间的安全有较严格的要求，有较完善的设备间安全措施。

3）对设备间有基本的要求，有基本的设备间安全措施。

设备间的安全要求详见表 2-16。

第二章　综合布线系统设计技术

表 2-16　设备间的安全要求

项　　目	C 级	B 级	A 级
场地选择	N	A	A
防火	A	A	A
防水	N	A	Y
内部装修	N	A	Y
供配电系统	A	A	Y
空调系统	A	A	Y
火灾报警及消防设施	A	A	Y
防静电	N	A	Y
防雷电	N	A	Y
防鼠害	N	A	Y
电磁波防护	N	A	A

注：N 为无要求；A 为有要求或增加要求；Y 为有要求。根据设备间的要求，设备间安全可按某一类执行，也可按某些类综合执行。

4. 设备间内的线缆敷设

设备间内线缆的敷设方式主要有活动地板、预埋管路、机架走线架和地板或墙壁内沟槽等方式，应根据房间内设备布置和缆线走向的具体情况，分别选用不同的敷设方式。

（1）活动地板方式

活动地板方式是缆线在活动地板下的空间敷设。由于地板下空间大，因此电缆容量和条数多，路由宽松距离较短，节省电缆费用，缆线敷设和拆除均简单方便，能适应线路增减变化，有较高的灵活性，便于维护管理。但造价较高，会减少房屋的净高，对地板表面材料也有一定要求，如耐冲击性、耐火性、抗静电、稳固性等。

（2）地板或墙壁内沟槽方式

地板或墙壁内沟槽方式是缆线在建筑中预先建成的墙壁或地板内的沟槽中敷设，沟槽的断面尺寸大小根据缆线终期容量来设计，上面设置盖板保护。这种方式造价较活动地板低，便于施工和维护，也有利于扩建，但沟槽设计和施工必须与建筑设计和施工同时进行，在配合协调上较为复杂。沟槽方式因是在建筑中预先制成，因此在使用中会受到限制，缆线路由不能自由选择和变动。

（3）预埋管路方式

预埋管路方式是在建筑的墙壁或楼板内预埋管路，其管径和根数根据缆线需要来设计。这种方式穿放缆线比较容易，维护、检修和扩建均有利，造价低廉，技术要求不高，是一种最常用的方式。但预埋管路必须在建筑施工中进行，缆线路由受管路限制，不能变动，所以使用中会受到一些限制。

（4）机架走线架方式

机架走线架方式是在设备（机架）上沿墙安装走线桥架（或槽道）的敷设方式。走线桥架和槽道的尺寸根据缆线需要设计，它不受建筑的设计和施工限制，可以在建成后安装，便于施工和维护，也有利于扩建。机架上安装走线桥架或槽道时，应结合设备的结构和布置来考虑，在层高较低的建筑中不宜使用。

2.4.6 建筑群子系统的设计

建筑群子系统是由连接各建筑物之间的传输介质和各种支持设备（硬件）组成的综合布线子系统。一个大型企业或政府机关可能分散在几幢相邻或不相邻的建筑物内办公，彼此之间的语音、数据、图像和监控等系统可由建筑群子系统来连接传输。建筑群主干布线子系统是智能化建筑群体内的主干传输线路，包括连接介质（双绞线或光纤）、连接器、电子传输设备及相关的电气保护设备。

1. 线缆的选择

建筑群数据网的主干线缆一般应选用多模或单模室外光缆，原因如下：
1）光缆不会受到电磁干扰，可保障通信的稳定。
2）光缆有足够的带宽，保证通信的高效。
3）光缆是全封闭传输，保证通信安全。
4）光缆通信距离长，保证通信的有效。

选择光缆还应当注意根据建筑物距中心节点距离的远近选择是单模光纤还是多模光纤。如果距离小于 500m，可考虑选用 50μm/125μm 多模光纤；否则，宜选用单模光纤。建议采用 8 芯或 12 芯的光缆，保证将来网络系统的升级扩展。

2. 路由的选择

路由的选择，主要是对网络中心位置的选择，网络中心应尽量位于各建筑物中心位置或建筑物最为集中的位置。在设计光缆路由时，应尽量避免与原有管道交叉，与原有管道平行时，应保持不小于 1m 的距离，避免开挖与维护时，相互影响。

3. 敷设方式的选择

在企业内部原有电信沟，可以直接将光缆敷设其中；也可以埋设 7 孔梅花管，将光缆穿入管中，这样既可有效地保护光缆，又便于在需要时穿入其他线缆（如电话线、有线电视电缆等）。架空光缆施工简单、费用低廉，但不美观。

4. 建筑群的布线方法

在建筑群子系统中电缆的布线方法有以下四种。

（1）架空电缆布线

架空光缆是施工费用最低廉的做法，但不美观。从电线杆至建筑物的架空进线距离不超过 30m 为宜。建筑物的电缆入口可以是穿墙的电缆孔或管道。入口管道的最小口径为 50mm。建议另设一根同样口径的备用管道，如果架空线的净空有问题，可以使用天线杆型的入口。该天线的支架一般不应高于屋顶 1200mm，如果再高，就应使用拉绳固定。此外，天线型入口杆高出屋顶的净空间应有 2400mm，该高度正好使工人可摸到电缆。架空电缆通常穿入建筑物外墙上的 U 形钢保护套，然后向下（或向上）延伸，从电缆孔进入建筑物内部，如图 2-22、图 2-23 所示。

第二章 综合布线系统设计技术

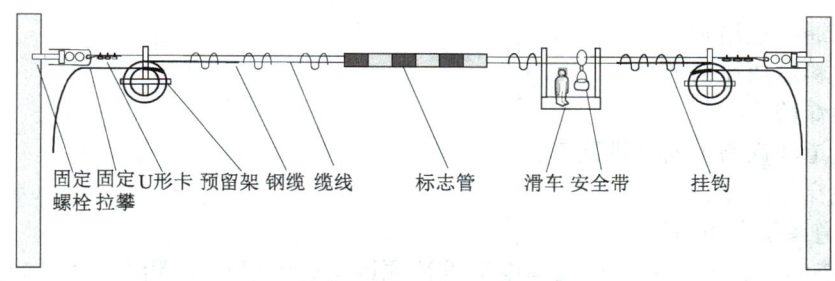

图 2-22 布线主要材料

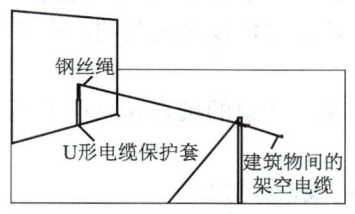

图 2-23 架空布线法

通信电缆与电力电缆之间的距离必须符合我国室外架空线缆的有关标准。

（2）直埋电缆布线

直埋布线法优于架空布线法，影响选择此法的主要因素如下：

1) 初始价格。
2) 维护费。
3) 服务可靠。
4) 安全性。
5) 外观。

切不要把任何一个直埋施工结构的设计或方法看做是提供直埋布线的最好方法或唯一方法。在选择某个设计或几种设计的组合时，重要的是采取灵活的、思路开阔的方法。这种方法既要适用，又要经济，还能可靠地提供服务。直埋布线的选取地址和布局实际上是针对每项作业对象专门设计的，而且必须对各种方案进行工程研究后再作出决定。工程的可行性决定了何者为最实际的方案。

在选择最灵活、最经济的直埋布线线路时，主要的物理因素如下：

1) 土质和地下状况。
2) 天然障碍物，如树林、石头以及不利的地形。
3) 其他公用设施（如下水道、水管、气管、电线管）的位置。
4) 现有或未来的障碍，如游泳池、表土存储场或修路。

由于发展趋势是让各种设施不在人的视野里，所以语音电缆和电力电缆埋在一起将日趋普遍，这样的共用结构要求有关部门从筹划阶段直到施工完毕，以至未来的维护工作中密切合作。这种共用结构也日益需要用户的合作。这种协作会增加一些成本。

应遵守所有的法令和公共法则。有关直埋电缆所需的各种许可证书应妥善保存，以便在施工过程中可立即取用。

需要申请许可证书的事项如下：

1) 挖开街道路面。

2）关闭通行道路。

3）把材料堆放在街道上。

4）使用炸药。

5）在街道和铁路下面推进钢管。

6）电缆穿越河流。

（3）管道系统电缆布线

管道系统的设计方法就是把直埋电缆设计原则与管道设计步骤结合在一起。当考虑建筑群管道系统时，还要考虑接合井。在建筑群管道系统中，接合井的平均间距约为180m，或者在主结合点处设置接合井。接合井可以是预制的，也可以是现场浇筑的，应在结构方案中标明使用哪一种接合井。

预制接合井是较佳的选择。现场浇筑的接合井只在下述几种情况下才允许使用：

1）该处的接合井需要重建。

2）该处需要使用特殊的结构或设计方案。

3）该处的地下或头顶空间有障碍物，因而无法使用预制接合井。

4）作业地点的条件（例如沼泽地或土壤不稳固等）不适于安装预制接合井。

（4）隧道内电缆布线

在建筑物之间通常有地下通道，大多是供暖供水的，利用这些通道来敷设电缆不仅成本低，而且可利用原有的安全设施。如考虑到暖气泄漏等情况，电缆安装时应与供气、供水、供暖的管道保持一定的距离，安装在尽可能高的地方，可根据民用建筑设施的有关条例进行施工。四种建筑群布线方法的比较见表2-17。

表2-17 四种建筑群布线方法的比较

方法	优点	缺点
管道电缆	电缆敷设方便，易于扩建或更换，线路隐蔽、环境美观、整齐有序 电缆有环境保护措施，比较安全，可延长电缆使用年限，产生障碍和干扰的机会少	挖沟、开管道和入孔的成本高，技术要求复杂，与其他各种管理设施产生矛盾较多，协调工作复杂
直埋电缆	线路隐蔽、环境美观 初次工程投资较管道电缆低，不需建入孔和管道，施工较简单 产生障碍和干扰的机会少，有利于使用和维护 不受建筑条件限制，维护工作费用较少；与其他地下管线发生矛盾时，易于躲让和处理	维护更换和扩建都不方便，发生障碍后必须挖掘，修复时间长，影响通信，难以安排电缆的敷设位置，更换、加固困难
隧道敷设	线路隐蔽、安全稳定，不受外界影响 施工简单，工作条件较直埋好 电缆增添敷设方便，易于扩建或更换 可与其他弱电线路公用隧道设施，可节约工程初次投资	其他管道的热量、水及野蛮施工等可能会损坏电缆，部门之间协调沟通困难，如为专用电缆沟道等设施，初次工程投资较多
立杆架设	查找和修复障碍均较方便 施工技术较简单，建设速度较快 能适应今后的变动，易于拆除、迁移、更换或调整，便于扩建增容 如本来就有电线杆，则成本最低	易受外界因素腐蚀和机械损伤，影响电缆使用寿命，产生障碍的机会较多，对通信安全有所影响 对周围环境的美观有影响

5. 建筑群子系统的设计步骤

建筑群子系统的设计可参照以下步骤来进行：

1）确定敷设现场的环境、结构特点。
2）选择所需线缆的类型和规格。
3）确定建筑物的线缆入口。
4）确定明显障碍物的位置。
5）确定主线缆路由和备用线缆路由。
6）确定线缆系统的一般参数，例如长度、数量等。
7）确定每种选择方案所需的劳务成本。
8）确定每种选择方案的材料成本。
9）选择最经济、最实用的设计方案。

6. 建筑群子系统的电缆保护

当电缆从一座建筑物接到另一座建筑物时，要考虑是否易受到雷击、电源触地、电源感应电压或地电压上升等因素的影响，必须用保护器进行保护。如果电气保护设施位于建筑物（不是对电信公用设施实行专门控制的建筑物）内部，那么所有保护设备及其安装装置都必须有 UL 安全标记。

当发生下列任何情况时，线路就会被暴露在危险的境地：
1）雷击所引起的干扰。
2）工作电压超过 300V 以上而引起的电源故障。
3）地电压上升到 300V 以上而引起的电源故障。
4）50Hz 感应电压值超过 300V。

如果出现上述所列情况之一，就应对其进行保护。电缆不遭雷击的条件如下：
1）所在地区每年遭受雷、暴雨袭击的次数只有 5 天或更少，而且大地的电阻率小于 $100\Omega \cdot m$。
2）建筑物的直埋电缆小于 42m（140ft），而且电缆的连续屏蔽层在电缆的两端都接地。
3）电缆处于已接地的保护伞之内，此保护伞是由邻近的高层建筑物或其他高层结构所提供的。

2.5 标签及设备编号的设计

在综合布线管理间、设备间经常需要通过网络跳线改变信息点的功能，如果没有标记或标记不恰当都会给后续的管理与维护带来困难。因此，标记管理也是综合布线系统的一项重要任务。

1. 综合布线系统的标记系统

综合布线系统的标记系统通常用制作各种标签套在或粘贴到设备的表面来完成，标签主要有电缆标签、场标签和插入标签 3 种。

1）电缆标签：在塑料号码管表面通过线号机打印或用油性记号笔人工标写，直接套在电缆上或用标牌扎在电缆上。

2）场标签：背面由不干胶的白色材料制成，可贴在设备间、配线间、二级交接间、中继续线/辅助场和和建筑物布线场的平整表面上。

3）插入标签：是硬纸片，可以插在 1.27cm×20.32cm 的透明塑料夹里，这些塑料夹位于 110 接线块上的两个水平齿条之间。每个标签都用色标来指明电缆的源发地，这些电缆端接于设备间和配线间的管理场。色标应用位置示例如图 2-24 所示。

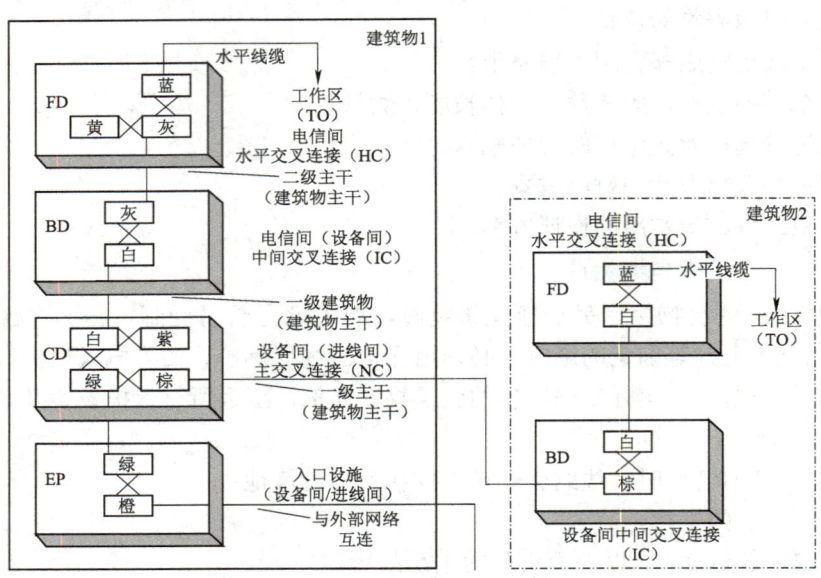

图 2-24　色标应用位置示例

插入标签所用的底色见表 2-18。

表 2-18　插入标签的底色

在设备间	①蓝色：从设备间到工作区的信息插座实现连接
	②白色：干线电缆和建筑群电缆
	③灰色：端接与连接干线到计算机房或其他设备间的电缆
	④绿色：来自电信局的输入中继线
	⑤紫色：公用系统设备连线
	⑥黄色：交换机和其他设备的各种引出线
	⑦橙色：多路复用输入电缆
	⑧红色：关键电话系统
	⑨棕色：建筑群干线电缆
在主接线间	①白色：来自设备间的干线电缆的点对点端接
	②蓝色：到配线接线间 I/O 的工作区线路
	③灰色：到远程通信（卫星）接线间各区的连接电缆
	④橙色：来自卫星接线间各区的连接电缆
	⑤紫色：来自系统公用设备的线路
在远程通信（卫星）接线间	①白色：来自设备间的干线电缆的点对点端接
	②蓝色：到干线接线间 I/O 的工作区线路
	③灰色：来自干线接线间的连接电缆

布线标记的设计方案以《商业建筑物电信基础结构管理标准》（TIA/EIA606 标准）为依据。粘贴型标签、插入型标签均应符合 UL969（美国保险商实验室）中所规定的清晰、磨损、

附着力以及外露要求。

2. 综合布线系统的标记管理

综合布线系统涉及的所有组成部分都有明确的标记，它们的名字、颜色、数字和序号及相关特性所组成的标记应是方便且互相区分的。综合布线系统需要标记的有线缆、通道、空间、端接设备和接地五个部分。

（1）线缆的标记要求

在 TIA/EIA606 标准中对标签材质的规定是：线缆要有一个耐用的底层，材质要柔软易于缠绕。因此，建议使用乙烯基材的标签，最好由两部分组成，上半部分是白色的可打印的涂层，下半部分是透明的保护膜，该保护膜能盖住打印区域，起到保护作用，并能有足够的长度包裹住电缆一圈或一圈半。线缆标签示例如图 2-25 所示。

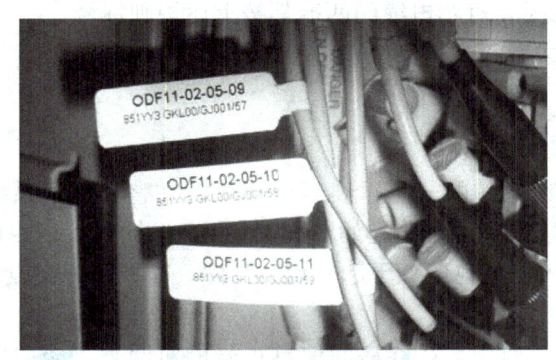

图 2-25　线缆标签示例

（2）通道的标记要求

各种管道、线槽均应有明确的中文标记系统，标记信息包括建筑物的名称、位置、区号、起始点及有关功能。

（3）空间的标记要求

FD 出线：标明楼层信息点序列号、房间号。

FD 入线：标明来的 BD 配线架号或集线器号、缆号和芯/对数。

BD 出线：标明去的 FD 配线架号或集线器号、缆号。

BD 入线：标明来的 CD 配线架号、缆号和芯/对数（或外线引入的缆号）。

CD 出线：标明去的 BD 配线架号、缆号和芯/对数。

CD 入线：标明由外线引入的缆线号和线序对数。

当使用光纤时应明确标明每芯的衰减系数。使用集线器时应标明来的 BD 配线架号、缆号、芯/对数以及去的 FD 配线架号、缆号。

（4）端接设备的标记要求

信息插座上每个接插口位置上应用中文明确标明"语音"、"数据"、"控制"、"光纤"等接口类型及楼层信息点序列号。

信息插座的一个插孔对应一个信息点编号。信息点编号一般由信息点层区内序码（即楼层号、区号）、设备类型码和层内信息点序号组成，如图 2-26 所示。

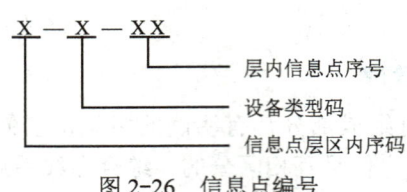

图 2-26 信息点编号

信息点编号规则：每个编号唯一地标识一个信息点，与一个 RJ-45 插孔对应，也与一条水平电缆对应。此编号在下列地方用到：

1）在布线系统平面图和其他一些文档中，都用上述的编号来标识信息点。
2）每个信息盒面板的插孔下方贴以写有上述信息点编号的标签。
3）在配线架的标签条上用上述编号标明相应位置对应的信息点编号，并登记注册。
4）穿线工程中，每根 4 对芯电缆的两端都按上述规则标号。

（5）接地的标记要求

接地标记要求清晰、醒目。

3. 标记方案的实施

标记是管理综合布线系统的一个重要组成部分。完整的标记系统应提供以下信息：建筑物名称，该建筑物的位置、区号、起始点和功能。110 插入标记也用数字与字母的组合来表示，与色标一样，这种信息也依赖于起始点。当然，在标记方案设计之前，需要参照相关的系统文档。

应给出楼层信息点序列号与最终房间信息点号的对照表。楼层信息点序列号是指在未确定房间号之前，为在设计中标定信息点的位置，以楼层为单位给各个信息点分配一个唯一的序号。对于开放式办公环境，所有预留的信息点都应有编号。

第三章 综合布线系统施工技术

本章要点

- 综合布线各类工具的种类及应用
- 桥架和管道施工技术
- 双绞线的布线施工技术
- 光纤布线施工技术
- 双绞线跳线制作
- 信息模块端接
- 模块式配线架端接
- 110 配线架端接
- 大对数电缆端接
- 电缆捆扎与整理
- 标签制作与粘贴

本章概述

本章从网络综合布线工程的工具着手,首先介绍了施工中用到的常用工具及其作用,接着就施工过程中的常用技术作一一介绍,主要就管道施工、线缆敷设、线缆的端接、网络的测试等方面作了重点介绍。

3.1 施工工具介绍

在进行网络综合布线的施工过程中,要用到各种各样的工具。只有对种种布线工具熟悉、了解之后,才可灵活运用,快速完成网络布线工作。

根据布线施工的过程、所用工具的特点,综合布线工具主要分管道施工工具、布线施工工具、性能测试工具三类。

1. 管道施工工具

(1)冲击钻(见图 3-1)

图 3-1　冲击钻

应用：主要用于在砖块、混凝土和石材上进行钻孔；另外，也可以在木材、金属、陶瓷和塑料上钻孔。

（2）电钻（见图 3-2）

图 3-2　电钻

应用：配备电子调速装备和正/逆转功能的机型，也能够松/紧螺钉和攻牙。

（3）钻头（见图 3-3）

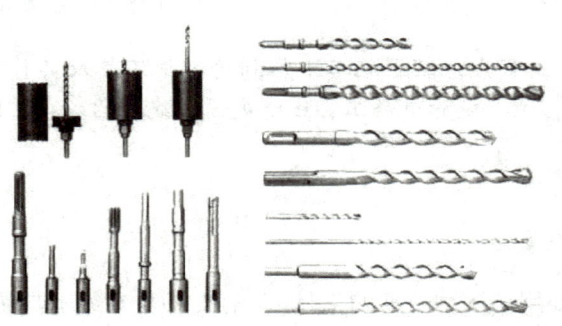

图 3-3　各类钻头

应用：配合电动冲击钻或电动螺钉旋具实现在墙面、地面或钢板上钻孔等。

（4）弯管器（见图 3-4）

应用：在综合布线工程中如果使用钢管进行线缆安装，主要通过弯管器来解决钢管的弯曲问题，如图 3-5 所示。

第三章 综合布线系统施工技术

 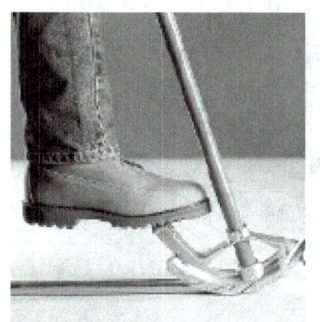

图 3-4　弯管器　　　　　　　图 3-5　弯管器的使用

2. 布线施工工具

布线施工工具是指进行端接操作的工具和管线施工的工具，包括打线刀、剥线器、铜缆端接工具、包含光纤切刀在内的光纤端接工具、拉线器、线缆检查工具，甚至包括电工工具等。

（1）光纤切刀（见图 3-6）

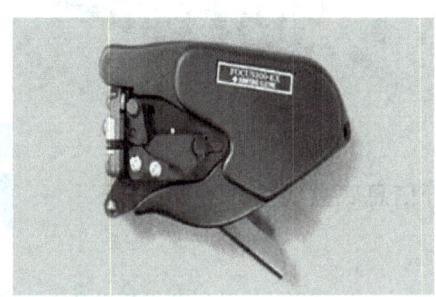

图 3-6　光纤切刀

应用：可在现场轻松进行安装加工 H-PCF（Hard Plastic Clad Silica Fiber，硬塑料包层石英光纤）压接切割式光纤连接器的专用工具。

（2）牵引线（见图 3-7）

应用：施工人员遇到线缆需穿管布放时，多采用铁丝牵拉；也可作为数据线缆或动力线缆的布放工具。牵引线的使用如图 3-8 所示。

图 3-7　牵引线　　　　　　　图 3-8　牵引线的使用

（3）绑扎带（见图 3-9、图 3-10）

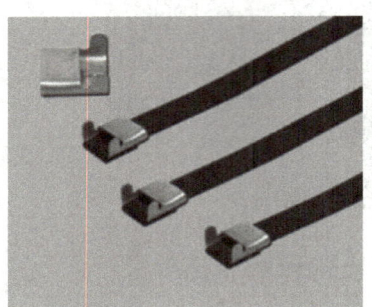

图 3-9　不锈钢扎带

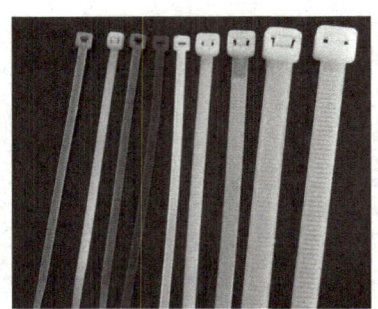

图 3-10　尼龙扎带

应用：主要用于捆扎线缆。

（4）斜口钳（见图 3-11）

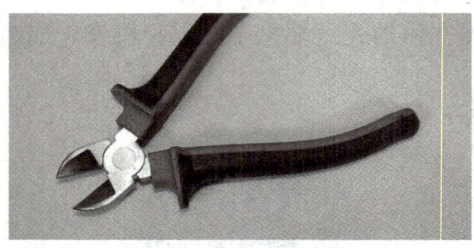

图 3-11　斜口钳

应用：用于剪断线缆、开信息底盒线槽孔等。

（5）钢锯（见图 3-12）

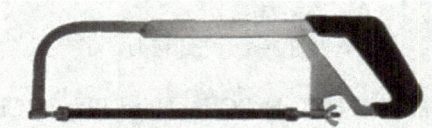

图 3-12　手工钢锯弓

应用：主要用于切割各类金属管、槽，PVC 类线管、槽等。

（6）剥线刀（见图 3-13）

应用：通过剥线刀剥去一段电缆外护套，以方便线缆端接线对。剥线刀的使用如图 3-14 所示。

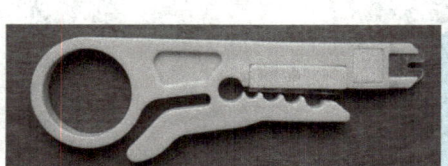

图 3-13　剥线刀

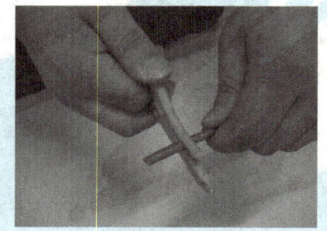

图 3-14　剥线刀的使用

（7）打线刀（见图 3-15、图 3-16）

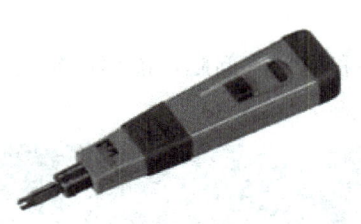
图 3-15　单对打线刀

图 3-16　五对打线刀

（8）RJ-45、RJ-11 水晶头压接钳（见图 3-17）

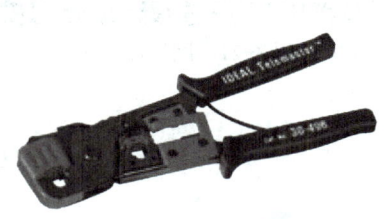

图 3-17　压接钳

应用：用于制作 8 芯网线及 4 芯电话线水晶头。本工具集成了网线钳所有功能，能方便进行网线（电话线）切断、压线、剥线等操作。

（9）光纤熔接机（见图 3-18）

应用：实现对光纤的熔接。

（10）手持式标签打印机（见图 3-19）

应用：可打印普通标签、布质标签、热缩管标签。

图 3-18　光纤熔接机

图 3-19　手持式标签打印机

3. 性能测试工具

（1）链路通（见图 3-20）

应用：用于检测制作后的网线是否正确，能够快速准确地判断出线序。

（2）网络测试仪（见图 3-21）

应用：可以识别和定位被测试中的开路、短路和异常等问题，能够精确测试当前所有的高性能电缆链路。

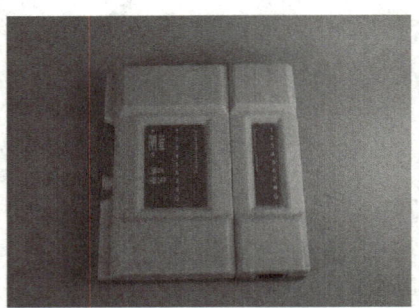
图 3-20　链路通

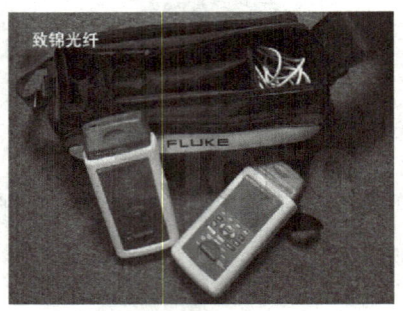
图 3-21　网络测试仪

3.2　桥架和管道施工

1. 桥架施工

（1）桥架安装方法

各种桥架如图 3-22 所示。

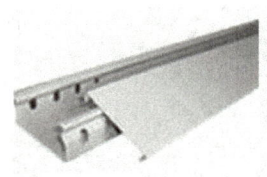
槽式桥架

梯式桥架

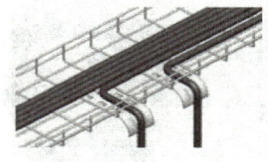
网格式桥架

托盘式桥架

图 3-22　各类桥架

桥架的安装方法主要分以下几种：沿天花及管道支架安装；沿墙水平托装或垂直固定；沿竖井安装；沿地面安装。

电缆桥架层次的排列是：弱电控制电缆在最上层，接着是一般控制电缆、低压动力电缆、高压动力电缆，依次往下排列，这样排列有利于屏蔽干扰、通风、散热等。具体的排列层次见表 3-1。

表 3-1 电缆桥架层次的排列

层次	电缆用途
上	计算机电缆
上	屏蔽电缆
下	一般控制电缆
下	低压动力电缆
下	高压动力电缆（1.5～3kV）
下	特高压动力电缆（35kV）

各层电缆的层间距离为：控制电缆≥200mm，动力电缆≥300mm，机械化敷设电缆≥400m。

（2）桥架的安装要求

1）电缆桥架安装时应做到安装牢固、横平竖直，沿电缆桥架水平走向的支吊架左右偏差应不大于 10mm，其高低偏差不大于 5mm。

2）电缆桥架与其他管道共架安装时，电缆桥架应布置在管架的一侧，当有易燃气体管道时，电缆桥架应设置在危险程度较低的管道一侧。

3）低压动力电缆与控制电缆共用同一托盘或梯架时，相互间宜设置隔板。

4）在托盘、梯架分支、引上、引下处宜有适当的弯通。

5）连接两段不同宽度或高度的托盘、梯架时可配置变宽或变高板。

6）支架、吊架和其他所需附件，应按工程布置条件选择。

2. 管道施工

（1）金属管的敷设

1）金属管的敷设应符合下列要求：

①预埋在墙体中间的金属管内径不宜超过 50mm，楼板中的管径宜为 15～25mm，直线布管 30mm 处设置暗线盒。

②敷设在混凝土、水泥里的金属管，其地基应坚实、平整、没有沉陷，以保证敷设后的线缆安全运行。

③金属管连接时，管孔应对准，接缝应严密，不得有水泥、沙浆渗入。管孔对准、无错位，以免影响管、线、槽的有效管理，保证敷设线缆时穿设顺利。

④金属管道应有不小于 0.1% 的排水坡度。

⑤建筑群之间金属管的埋设深度不应小于 0.7m；在人行道下面敷设时，埋设深度不应小于 0.5m。

⑥金属管内应安置牵引线或拉线。

⑦金属管的两端应有标记，表示建筑物、楼层、房间和长度。

2）光缆与电缆同管敷设时，应在金属管内预置塑料子管，将光缆敷设在子管内，使光缆和电缆分开布放。子管的内径应为光缆外径的 2.5 倍。

（2）金属线槽的敷设

金属线槽的安装要求：

1）线槽安装位置应符合施工图规定，左右偏差视环境而定，最大不应超过 50mm。

2）线槽水平偏差每米不应超过 2mm。

3）垂直线槽应与地面保持垂直，并无倾斜现象，垂直度偏差不应超过 3mm。

4）线槽节与节间用接头连接板拼接，螺钉应拧紧。两线槽拼接处水平度偏差不应超过 2mm。

5）当直线段桥架超过 30m 或跨越建筑物时，应有伸缩缝。其连接宜采用伸缩连接板。

6）线槽转弯半径不应小于其槽内的线缆最小允许弯曲半径的最大者。

7）盖板应紧固。

8）支吊架应保持垂直、整齐牢靠、无歪斜现象。

3.3 双绞线布线施工

1. 放线

1）从线缆箱中拉线。

①除去塑料塞。

②通过出线孔拉出数米的线缆。

③拉出所要求长度的线缆，割断它，将线缆滑回到槽中去，留数厘米伸出在外面。

④重新插上塞子以固定线缆。

2）线缆处理（剥线）。

①使用斜口钳在塑料外衣上切开一字形长的缝。

②找出尼龙扯绳。

③将电缆紧握在一只手中，用尖嘴钳夹紧尼龙扯绳的一端，并把它从线缆的一端拉开，拉的长度根据需要而定。

④割去无用的电缆外衣（另外一种方法是利用切环器剥开电缆）。

2. 线缆牵引

用一条拉线将线缆牵引穿入墙壁管道、吊顶和地板管道称为线缆牵引。在施工中，应使拉线和线缆的连接点尽量平滑，所以要采用电工胶带在连接点外面紧紧地缠绕，以保证平滑和牢靠。

1）牵引多条 4 对双绞线。

①将多条线缆聚集成一束，并使它们的末端对齐。

②用电工胶带紧绕在线缆束外面，在末端外绕 5～6cm 长。

③将拉绳穿过电工胶带缠好的线缆，并打好结。

2）如果在拉线缆过程中，连接点散开了，则要收回线缆和拉线，重新制作更牢靠固定的连接。

①除去一些绝缘层暴露出 5cm 的裸线。

②将裸线分成两条。
③将两束导线互相缠绕起来形成环。
④将拉绳穿过此环,并打结,然后将电工胶带缠到连接点周围,要缠得结实和平滑。
3)牵引多条 25 对双绞线。
①剥除约 30cm 的线缆护套,包括导线上的绝缘层。
②使用斜口钳将线切去,留下 12 根。
③将导线分成两个绞线组。
④将两组绞线交叉穿过拉线的环,在线缆的那边建立一个闭环。
⑤将双绞线一端的线缠绕在一起以使环封闭。
⑥将电工胶带紧紧地缠绕在线缆周围,覆盖长度约 5cm,然后继续再绕上一段。

3. 建筑物水平线缆布线

(1) 管道布线

管道布线是在浇筑混凝土时已把管道预埋在地板中,管道内有牵引电缆线的钢丝或铁丝,施工时只需通过管道图纸了解地板管道,就可制订出施工方案。对于没有预埋管道的新建筑物,布线施工可以与建筑物的装修同步进行,这样便于布线,又不影响建筑物的美观。管道一般从配线间埋到信息插座安装孔,施工时只要将双绞线固定在信息插座的接线端,从管道的另一端牵引拉线就可将线缆引到配线间。

(2) 吊顶内布线

①索取施工图纸,确定布线路由。
②沿着所设计的路由(即在电缆桥架槽体内),打开吊顶,用双手推开每块镶板。
③将多个线缆箱并排放在一起,并使出线口向上。
④加标注。纸箱上可直接写标注,线缆的标注写在线缆末端,粘贴上标签。
⑤将合适长度的牵引线连接到一个带卷上。
⑥从离配线间最远的一端开始,将线缆的末端(捆在一起)沿着电缆桥架牵引经过吊顶走廊的末端。
⑦移动梯子将拉线投向吊顶的下一孔,直到绳子到达走廊的末端。
⑧将每两个箱子中的线缆拉出形成"对",用胶带捆扎好。
⑨将拉绳穿过 3 个用带子缠绕好的线缆对,绳子结成一个环,再用带子将 3 对线缆与绳子捆紧。
⑩回到拉绳的另一端,人工牵引拉绳。所有的 6 条线缆(3 对)将被从线箱中拉出并经过电缆桥架牵引到配线间。
⑪对下一组线缆(另外 3 对)重复第⑧步的操作。
⑫继续将剩下的线缆组增加到拉绳上,每次牵引它们向前,直到走廊末端,再继续牵引这些线缆一直到达配线间连接处。

当线缆在吊顶内布放完后,还要通过墙壁或墙柱的管道将线缆向下引至信息插座安装孔。将双绞线用胶带缠绕成紧密的一组,将其末端送入预埋在墙壁中的 PVC 圆管内,并把它往下压,直到在插座孔处露出 25 ~ 30mm 即可。

4. 建筑物垂直干线线缆布线

建筑物垂直干线子系统通常采用室内多模光纤或大对数双绞线作为主要载体。

在竖井中敷设垂直干线一般有两种方式：向下垂放电缆和向上牵引电缆。相比较而言，向下垂放比向上牵引容易。

（1）向下垂放线缆的一般步骤

1）把线缆卷轴放到最顶层。

2）在离房子的开口（孔洞处）3～4m处安装线缆卷轴，并从卷轴顶部馈线。

3）在线缆卷轴处安排所需的布线施工人员（人数视卷轴尺寸及线缆质量而定）。另外，每层楼上要有一个工人，以便引寻下垂的线缆。

4）旋转卷轴，将线缆从卷轴上拉出。

5）将拉出的线缆引导进竖井中的孔洞。在此之前，先在孔洞中安放一个塑料的套状保护物，以防止孔洞不光滑的边缘擦破线缆的外皮。

6）慢慢地从卷轴上放缆并进入孔洞向下垂放，注意速度不要过快。

7）继续放线，直到下一层布线人员将线缆引到下一个孔洞。

8）按前面的步骤继续慢慢地放线，并将线缆引入各层的孔洞，直至线缆到达指定楼层进入横向通道。

（2）向上牵引线缆的一般步骤

条件：需要使用电动牵引绞车。

1）按照线缆的质量，选定绞车型号，并按绞车制造厂家的说明书进行操作。先往绞车中穿一条绳子。

2）起动绞车，并往下垂放一条拉绳（确认此拉绳的强度能保护牵引线缆），直到安放线缆的底层。

3）如果线缆上有一个拉眼，则将绳子连接到此拉眼上。

4）起动绞车，慢慢地将线缆通过各层的孔向上牵引。

5）线缆的末端到达顶层时，停止绞车。

6）在地板孔边沿上用夹具将线缆固定。

7）当所有连接制作好之后，从绞车上释放线缆的末端。

5. 建筑群间电缆布线技术

在建筑群中敷设线缆时，一般采用两种方法，即地下管道敷设和架空敷设。

（1）管道内敷设线缆

在管道中敷设线缆时，有三种情况：小孔到小孔敷设；在小孔间的直线敷设；沿着拐弯处敷设。

可用人和机器来敷设线缆，到底采用哪种方法，依赖于下述因素：管道中有没有其他线缆；管道中有多少拐弯；线缆有多粗和多重。

由于很难确切地说是用人力还是用机器来牵引线缆好，因此只能依照具体情况来解决。

（2）架空敷设线缆

1）电杆以30～50m的间隔距离为宜。

2）根据线缆的质量选择钢丝绳，一般选8芯钢丝绳。

3) 接好钢丝绳。
4) 架设线缆。
5) 每隔 0.5m 架一个挂钩。

(3) 线缆布放的一般要求

1) 线缆布放前应核对规格、程式、路由及位置是否与设计规定相符合。
2) 布放的线缆应平直,不得产生扭绞、打圈等现象,不应受到外力挤压和损伤。
3) 在布放前,线缆两端应贴有标签,标明起始和终端位置以及信息点的标号,标签书写应清晰、端正和正确。
4) 信号电缆、电源线、双绞线电缆、光缆及建筑物内其他弱电线缆应分离布放。
5) 布放线缆应有冗余,在二级交接间、设备间双绞线电缆预留长度一般为 3～6m,工作区为 0.3～0.6m,特殊要求的应按设计要求预留。
6) 布放线缆时,在牵引过程中吊挂线缆的支点相隔间距不应大于 1.5m。
7) 线缆布放过程中为避免受力和扭曲,应制作合格的牵引端头。如果采用机械牵引,应根据线缆布放环境、牵引的长度、牵引张力等因素,选用集中牵引或分散牵引等方式。

(4) 注意事项

布线人员要注意布线安全,参加施工的人员应遵守以下几点要求:
1) 穿特定的工作服。
2) 使用安全的工具。
3) 保证工作区的安全。
4) 制定施工安全措施。

3.4 光缆布线施工

1. 方法和步骤

(1) 光纤布线过程

● **通过弱电井垂直敷设**

在弱电井中敷设光缆有两种选择,即向上牵引和向下垂放。通常,向下垂放比向上牵引容易些,因此当准备好向下垂放敷设光缆时,应按以下步骤进行工作:

①在离建筑物顶层设备间的槽孔 1～1.5m 处安放光缆卷轴,使卷筒在转动时能控制光缆。将光缆卷轴安置于平台上,以便在所有时间内保持光缆与卷筒轴心都是垂直的;放置卷轴时要使光缆的末端在其顶部,然后从卷轴顶部牵引光缆。

②转动光缆卷轴,并将光缆从其顶部牵出。牵引光缆时,要保证不超过最小弯曲半径和最大张力的规定。

③引导光缆进入敷设好的电缆桥架中。

④慢慢地从光缆卷轴上牵引光缆,直到下一层的施工人员可以接到光缆并引入下一层。

在每一层楼均重复以上步骤,当光缆达到最底层时,要使光缆松弛地盘在地上。在弱电间敷设光缆时,为了减少光缆上的负荷,应在一定的间隔(如 5.5m)上用缆带将光缆扣牢在墙壁上。用这种方法，光缆不需要中间支持，但要小心地捆扎光缆，不要弄断光纤。为了避免弄断光纤及产生附加的传输损耗，在捆扎光缆时不要碰破光缆外护套。

固定光缆的步骤如下：

①使用塑料扎带，由光缆的顶部开始，将干线光缆扣牢在电缆桥架上。

②由上往下，在指定的间隔（如5.5m）安装扎带，直到干线光缆被牢固地扣好。

③检查光缆外套有无破损，盖上桥架的外盖。

● 通过吊顶敷设光缆

一般来说，敷设光纤从弱电井到配线间的这段路径，一般采用走吊顶（电缆桥架）敷设的方式。

①沿着所建议的光纤敷设路径打开吊顶。

②利用工具切去一段光纤的外护套，并由一端开始的0.3m处环切光缆的外护套，然后除去外护套。

③将光纤及加固芯切去并掩盖在外护套中，只留下纱线。对需敷设的每条光缆重复此过程。

④将纱线与带子扭绞在一起。

⑤用胶布紧紧地将光缆护套缠住，缠绕长度为20cm。

⑥将纱线放到合适的夹子中去，直到被带子缠绕的护套全塞入夹子中为止。

⑦将带子绕在夹子和光缆上，将光缆牵引到所需的地方，并留下足够长的光缆供后续处理用。

（2）光纤熔接步骤

①开缆。对于室外光纤，首先将黑色光缆外表去皮1m左右，露出里面的光纤。对于室内光纤，则可用剥线器除去外保护套。接下来可用光纤剥线钳剥除光纤紧缩层3～5cm。

②去除光纤涂覆层。用光纤剥线钳除去光纤涂覆层2cm左右，将光纤穿上热缩管。用沾有无水酒精的医用酒精棉清洁光纤。

③切割。打开光纤切割器的压盖，将光纤放入对应的槽中，置于15mm刻度处，盖上压盖片，按下操作柄进行切割。

④光纤熔接。接通光纤熔接机电源，出现待机画面后，打开防风罩，将切割后的光纤放置在光纤夹具压板下合适的位置，盖上夹具压板。以同样的操作放置另一侧光纤。盖上防风罩，按下"开始"键，进行自动熔接。

⑤测试接头损耗（熔接机自动）。熔接结束后，机器估算出熔接损耗并显示在LCD监视器上，如果显示LOSS>0.04dB，则表明熔接过程发生了故障。

⑥接头保护。取出已熔接好的光纤，将热缩管滑熔接点，置于加热器中，确保热缩管处于加热器中部，护套中加强芯朝下。盖上加热器盖子，按下"加热"键，待听到嘟嘟声时，从加热器中取出光纤即可。待全部光纤都熔接完成，则要将端接部分安放在光纤端接盒中，盘好并安放到相应线缆槽中。

2. 技术要点

光缆布线的要求如下：

布放光缆应平直，不得产生扭绞、打圈等现象，不应受到外力挤压和损伤。光缆布放前，其两端应贴有标签，以表明起始和终端位置。标签应书写清晰、端正和正确。最好以直线方式敷设光缆。如有拐弯，光缆的弯曲半径在静止状态时至少应为光缆外径的 10 倍，在施工过程中至少应为 20 倍。

3. 注意事项

在施工之前还要对光缆进行检验，注意如下事项。

1）工程所用的光缆规格、型号、数量应符合设计的规定和合同要求。

2）光纤所附标记、标签内容应齐全和清晰。

3）光缆外护套须完整无损，光缆应有出厂质量检验合格证。

4）光缆开盘后，应先检查光缆外观有无损伤，光缆端头封装是否良好。

5）光纤跳线检验应符合下列规定：具有经过防火处理的光纤保护包皮，两端的活动连接器端面应装配有合适的保护盖帽。

6）每根光纤接插线的光纤类型应有明显的标记，应符合设计要求。

同时，也应注意配线设备的使用应符合相应的规定：

1）光缆交接设备的型号、规格应符合设计要求。

2）光缆交接设备的编排及标记名称，应与设计相符。各类标记名称应统一，标记位置应正确、清晰。

光缆布放时请注意如下事项：

1）在进行光纤接续或制作光纤连接器时，施工人员必须戴上眼罩和手套，穿上工作服，保持环境洁净。

2）不允许观看已通电的光源、光纤及其连接器，更不允许用光学仪器观看已通电的光纤传输通道器件。

3）只有在断开所有光源的情况下，才能对光纤传输系统进行维护操作。

4）光纤的纤芯是石英玻璃的，极易弄断，因此在施工弯曲时决不允许超过最小的弯曲半径。

5）光纤的抗拉强度比电缆小，因此在操作光缆时，不允许超过各种类型光缆的抗拉强度。在光缆敷设好以后，在设备间和楼层配线间，将光缆捆接在一起，然后才进行光纤连接。可以利用光纤端接装置（OUT）、光纤耦合器、光纤连接器面板来建立模组化的连接。当敷设光缆工作完成后及光纤交连和在应有的位置上建立互连模组以后，就可以将光纤连接器加到光纤末端上，并建立光纤连接。

6）要通过性能测试来检验整体通道的有效性，并为所有连接加上标签。

3.5 双绞线端接

3.5.1 网络跳线的制作

1. 方法和步骤

1）利用双绞线剥线器将双绞线的外皮除去 2～3cm，剪掉内牵引线，如图 3-23、图 3-24 所示。

2）剥线完成后的双绞线电缆如图 3-25 所示。

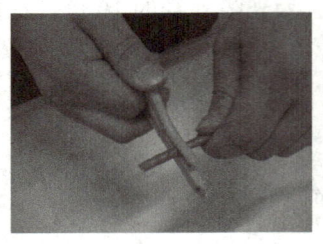
图 3-23 剥去外皮

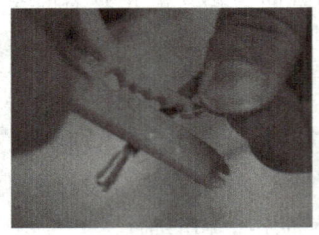
图 3-24 剪掉牵引线

图 3-25 剥去外皮后的双绞线电缆

3）接下来就要进行拨线操作。将裸露的双绞线中的橙色对线拨向自己的前方，棕色对线拨向自己的方向，绿色对线拨向左方，蓝色对线拨向右方，如图 3-26 所示。拨线后的线序为上橙，左绿，下棕，右蓝。

4）将绿色对线与蓝色对线放在中间位置，而橙色对线与棕色对线保持不动，即放在靠外的位置，如图 3-27 所示。

图 3-26 拨线

图 3-27 调整线序

调整线序为以下顺序：

左一为橙，左二为蓝，左三为绿，左四为棕。

5）小心地剥开每一对线，白色混线朝前。因为是遵循 EIA/TIA 568B 的标准来制作接头，所以线对颜色是有一定顺序的，如图 3-28 所示。

应该将绿色线放在第 6 只脚的位置才是正确的，因为在 100BaseT 网络中，第 3 只脚与第 6 只脚是同一对的，所以需要使用同一对线（见标准 EIA/TIA 568B）。左起的线序为白橙／橙／白绿／蓝／白蓝／绿／白棕／棕。

6）将裸露出的双绞线用剪刀或斜口钳剪下只剩约 13mm 的长度，之所以留下这个长度，是为了符合 EIA/TIA 的标准。最后，再将双绞线的每一根线依序放入 RJ-45 接头的引脚内，第 1 只引脚内应该放白橙色的线，其余类推，如图 3-29 所示。

图 3-28 解开线对

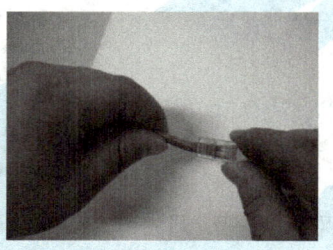
图 3-29 插入 RJ-45 接头内

第三章 综合布线系统施工技术

7) 确定双绞线的每根线已经正确放置之后,就可以用 RJ-45 压线钳压接 RJ-45 接头,如图 3-30 所示。压接好的水晶头如图 3-31 所示。市面上还有一种 RJ-45 接头的保护套,可以防止接头在拉扯时造成接触不良。使用这种保护套时,需要在压接 RJ-45 接头之前就将这种胶套插在双绞线电缆上,如图 3-32 所示。

 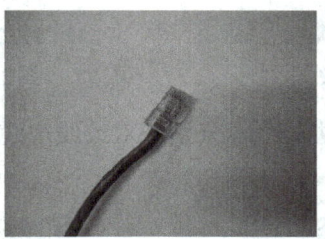 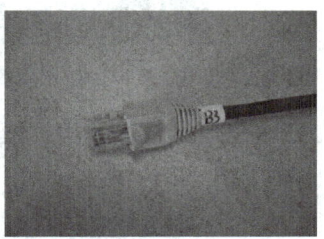

图 3-30　压接　　　　　图 3-31　压接好的水晶头　　　　图 3-32　带护套水晶头

2. 技术要点

双绞线有两种接法:EIA/TIA 568B 标准和 EIA/TIA 568A 标准。为了保持最佳的兼容性,普遍采用 EIA/TIA 568B 标准来制作网线。

将水晶头的尾巴向下(即平的一面向上),从左至右,分别定为 1 2 3 4 5 6 7 8,以下是各口线的分布。

T568A 线序:

1	2	3	4	5	6	7	8
绿白	绿	橙白	蓝	蓝白	橙	棕白	棕

T568B 线序:

1	2	3	4	5	6	7	8
橙白	橙	绿白	蓝	蓝白	绿	棕白	棕

3. 注意事项

需要特别注意的是,绿色对线应该跨越蓝色对线。这里最容易犯错的地方就是将白绿线与绿线相邻放在一起,这样会造成串扰,使传输效率降低。左起线序为白橙/橙/白绿/蓝/白蓝/绿/白棕/棕。常见的错误接法是将绿色线放到第 4 只脚的位置,如图 3-33 所示。

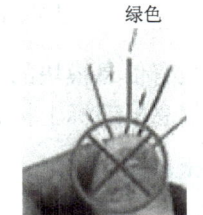

图 3-33　常见的错误分线

3.5.2　信息模块的端接

1. 方法和步骤

1) 从信息插座底盒孔中将双绞线电缆拉出 150～200mm,如图 3-34 所示。
2) 用环切器或斜口钳从双绞线电缆剥除 20～30mm 的外护套,如图 3-35 所示。

图 3-34　拉出双绞线电缆

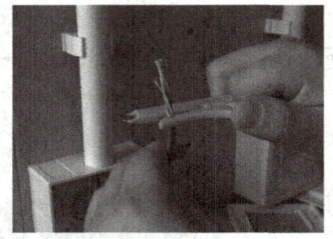
图 3-35　剥掉外护套

3）取出信息模块，根据模块的色标分别把双绞线电缆的 4 对线压到合适的插槽中，如图 3-36、图 3-37 所示。

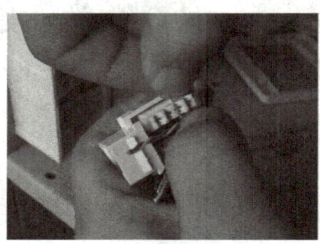
图 3-36　按模块色标进行压线

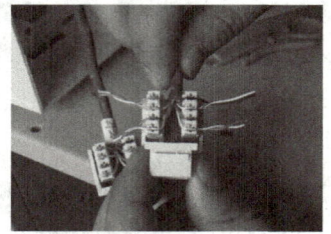
图 3-37　压线后的模块

4）使用打线工具把线缆压入插槽中，并切断伸出的余缆，如图 3-38 所示。
5）将制作好的信息模块扣入信息面板上，注意模块的上下方向，如图 3-39 所示。

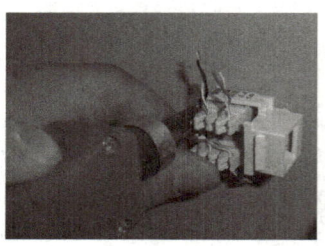
图 3-38　打线

图 3-39　扣入信息面板

6）将装有信息模块的面板放到墙上，用螺钉固定在底盒上。
7）为信息插座标上标签，标明所接终端类型和序号。

2. 技术要点

1）剥线长度要合适，一般为 20～30mm。
2）剥线时用刀要合适，位置要正确，不能将双绞线割破。
3）压线之前应先根据模块色标把双绞线对分到相应卡槽位置，先压近端线对，再压远端线对。这样可有效避免产生拱线的现象，以免造成接触不良。

3. 注意事项

1）根据设计要求，确定接线方式为 T568 A 或 T568 B，且整个系统只能选择其中一种接线方式。线缆的外护套应紧顶住模块端部，如图 3-40 所示。

第三章 综合布线系统施工技术

正确　　　　　　　　　　　　　不正确

图 3-40　护套位置

2）将双绞线对从中间分开压入相应的安装槽中（不要从头部将线分开），如图 3-41 所示。

 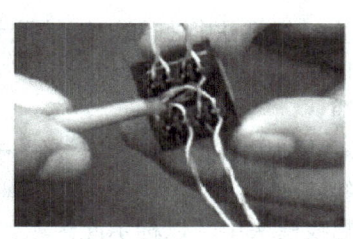

正确　　　　　　　　　　　　　不正确

图 3-41　双绞线分开位置

3）用专用打线工具打线，注意刀口的方向。打线刀有"高"、"低"两档压力设置。低档设置可避免将模块中连接针打弯，但可能使打线过松。

3.5.3　模块式配线架的端接

1. 方法和步骤

（1）理线

在端接线对之前，首先要整理线缆。用带子将线缆缠绕在配线板的导入边缘上，最好是将线缆缠绕固定在垂直通道的挂架上，这可保证在线缆移动期间避免线对的变形。从右到左穿过线缆，并按背面数字的顺序端接线缆。

（2）剪线

利用压线钳将线缆剪至合适的长度。

（3）剥线

对每条线缆，利用剥线钳剥除双绞线的绝缘层包皮，以便进行线对的端接。剥线长度以 20～30mm 为宜。

（4）分线

依据所执行的标准和配线架的类型，将双绞线的 4 对线按照正确的颜色顺序一一分开。注意：千万不要将线对拆开。若是 EIA/TIA 568B 标准，则从左至右，依次为蓝、橙、绿、棕线对，如图 3-42 所示。

（5）压线

根据配线架上所指示的颜色，将导线一一置入线槽，最终将 4 对线全部置入线槽，如图 3-43 所示。

 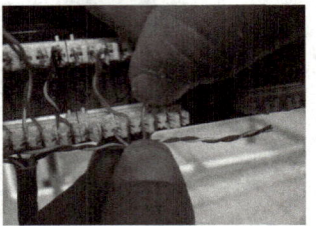

图 3-42　分开线对　　　　　　　　图 3-43　压线

（6）打线

利用多对模块打线器进行打线，端接配线架与双绞线，如图 3-44 所示。重复第（2）步至第（6）步的操作，端接其他双绞线。

（7）固定线缆

将线缆理顺，并利用尼龙扎带将双绞线与理线器固定在一起。

（8）插入标签

将标签插到配线模块中，以标示此区域，如图 3-45 所示。

2. 技术要点

1）分线时只需将每对线分开即可，不要将线解开。

2）线压好后，每一对线对仍保持一定的绞合状态。如图 3-46 所示。

  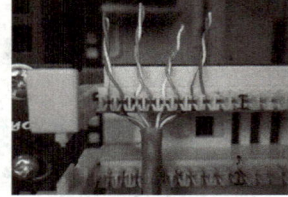

图 3-44　打线　　　　　图 3-45　插入标签　　　　图 3-46　压线后的双绞线

3. 注意事项

1）线缆在端接前，必须检查标签颜色和数字的含义，并按顺序端接。

2）线缆中间不得产生接头现象。

3）线缆端接处必须卡接牢靠，接触良好。

4）线缆端接处应符合设计和厂家安装手册的要求。

5）双绞线电缆与连接硬件连接时，应认准线号、线位色标，不得颠倒和错接。

3.5.4　110 配线架的端接

1. 双绞线的端接

（1）方法和步骤

1）理线。

2）剥线。用剥线刀剥掉双绞线的外护套，剥线长度约定为 20～30mm。

3）分线。根据110配线架上的色标，先将每对线按序分开，从左向右依次为蓝、橙、绿、棕，如图3-47所示。

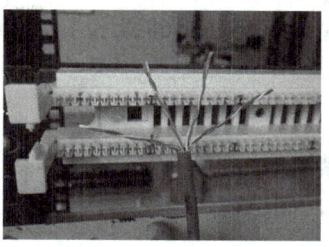

图 3-47　分线

4）压线。在压线时应先压上中间两对，然后再压上两侧两对线，如图3-48～图3-51所示。

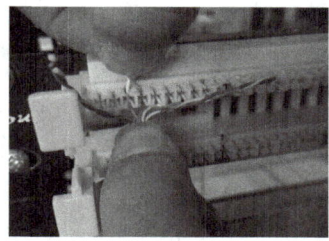 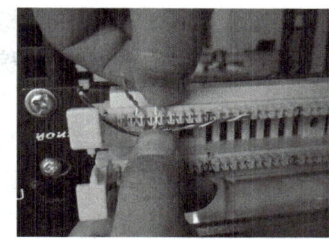

图 3-48　压第1对线　　　　　　　图 3-49　压第2对线

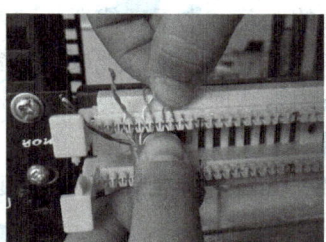 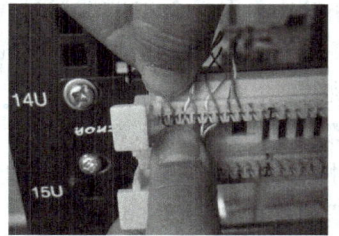

图 3-50　压第3对线　　　　　　　图 3-51　压第4对线

5）打线。用打线刀完成打线操作，如图3-52所示。

（2）技术要点

1）分线时只需将每对线分开即可，不要将线解开。

2）线压好后，每一对线对仍保持一定的绞合状态，如图3-53所示。

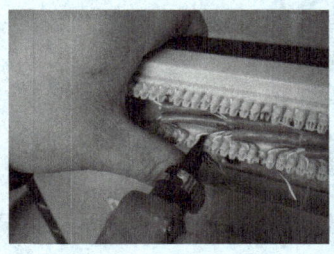 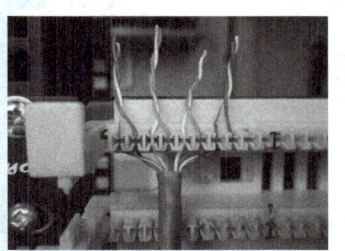

图 3-52　打线　　　　　　　　　图 3-53　压线后的双绞线

（3）注意事项

1）打线时要注意打线刀的方向，特别是上、下排时不要打反了。

2）110 配线架上接线方式不分 EIA/TIA568 A 和 EIA/TIA568 B。

2. 大对数电缆的端接

国际布线标准色谱：

主色——白 - 红 - 黑 - 黄 - 紫　　副色——蓝 - 橙 - 绿 - 棕 - 灰

主副色按顺序两两搭配即可，如白蓝、白橙、白绿、白棕、白灰、红蓝等，依此类推。

25 对色标排列：

第一个 5 对是白蓝、白橙、白绿、白棕、白灰。

第二个 5 对是红蓝、红橙、红绿、红棕、红灰。

第三个 5 对是黑蓝、黑橙、黑绿、黑棕、黑灰。

第四个 5 对是黄蓝、黄橙、黄绿、黄棕、黄灰。

第五个 5 对是紫蓝、紫橙、紫绿、紫棕、紫灰。

3.6　布线系统的捆扎与整理

1. 理线器的选择

在布线工程中通过垂直理线器和水平理线器实现对机柜或机架空间的整合，提升缆线管理效率，使系统中杂乱无章的跳线管理得到很大的改善。水平理线器主要用于容纳内部设备之间的跳线。垂直理线器分机柜内和机柜外两种。机柜内的垂直理线器主要用于管理机柜内部设备间的跳线，一般配备滑槽式盖板；机柜外的垂直理线器主要用于管理相邻机柜间的跳线，一般配备可左右开启的铰链门。

通常在每对机架和每排机架两端安装垂直理线器，垂直理线器要求从地板延伸到机架顶部。垂直理线器的构成如图 3-54 所示。

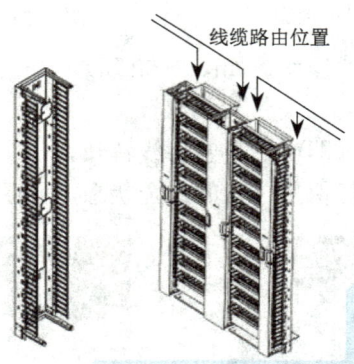

图 3-54　垂直理线器的构成

水平理线器安装在每个配线架上方或下方。通常，水平理线器固定有易于整理线缆的理线指或理线环，便于固定缆线或跳线。水平理线器前也可以使用盖板，达到美观的效果,如图 3-55 所示。

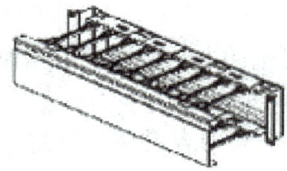

图 3-55　水平理线器图例

在放置光纤配线单元的机柜或机架中,理线器不仅要满足缆线管理的要求,还必须满足光纤的最小弯曲半径要求。

2. 捆扎带的选择

捆扎带可以分为活动式和固定式两种,材料有塑料和尼龙。通常采用宽带扣或尼龙粘扣捆扎带(见图 3-56、图 3-57)优于固定式捆扎带,这样有利于对缆线的保护。建议采用尼龙粘扣捆扎带,它耐酸、碱,不易老化。

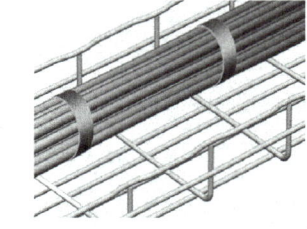

图 3-56　捆扎带产品　　　　　图 3-57　尼龙粘扣捆扎带图例

具体产品的捆扎要求和捆扎标准请参见相关施工规范和厂商施工手册。

在线缆布放到位后应适当绑扎(每 1.5m 固定一次),因双绞线结构的原因,绑扎不能过紧,应不使缆线产生应力,如图 3-58 所示。

图 3-58　线缆的绑扎

要确保工程中绑扎力一致又要提高施工效率,就得依靠适当的工具,如图 3-59 所示。

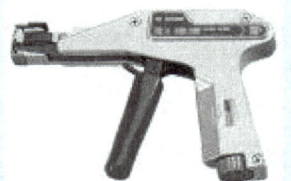

图 3-59　绑扎带收紧工具

3.7 标签制作及粘贴

选择了合适的标签后,应考虑的问题是如何印制标签,可选的方法包括以下几种:

1)使用预先印制的标签。预先印制的标签有文字或符号两种。

2)使用手写的标签。手写标签要借助于特制的标记笔,书写内容灵活、方便,但要特别注意字体的工整与清晰。

3)借助软件设计和打印标签。对于需求数量较大的标签而言,最好的方法莫过于使用软件程序,这类软件程序在印制标准的标签或设计与印制用户自己的专用标签时可提供最大的灵活性。

4)使用手持式标签打印机现场打印。

第四章　综合布线系统测试

本章要点

- 电缆链路的测试方式
- 电缆链路的测试参数
- 测试仪的使用方法

本章概述

计算机网络在政府机关、金融机构、企事业单位、学校、商务楼宇、住宅小区中得到了越来越广泛的应用。几乎所有新建的建筑物中都包含了网络综合布线系统。网络综合布线系统是建筑物中最基本的设施，网络综合布线系统的质量是楼宇质量的重要组成部分。网络综合布线系统是否符合有关国家标准、是否达到设计的技术指标、如何考核其技术指标并进行验收等问题受到业主越来越深切的关注。

1）业主需要依靠科学公正的第三方检测来保障投资，提升品质。
2）业主需要由公正的第三方出具的检测报告作为网络综合布线系统工程的验收依据。
3）业主需要一份详尽的网络综合布线系统检测报告作为日常网络管理的必备档案。
4）系统集成商需要控制和保障网络综合布线系统的施工质量。

4.1　测试标准

目前，各国生产的综合布线系统的产品较多，其产品的设计、制造、安装和维护中所遵循的基本标准主要有两种，一种是美国标准 ANSI/EIA/TIA 568A/B《商务建筑电信布线标准》，ANSI/TIA/EIA 568-A1～A5，以及 ANSI/TIA/EIA 568B.1～B.3；另一种是国际标准化组织/国际电工委员会标准 ISO/IEC 11801《信息技术——用户建筑群综合布线》。

2007年原建设部出台了 GB 50311—2007《综合布线系统工程设计规范》和 GB 50312—2007《综合布线系统工程验收规范》，这两个国家标准规范了国内综合布线施工和测试技术要求。

4.2 电缆传输系统的测试

在综合布线的测试与维护领域，依据所进行的测试功能，可以分成三个大类，即验证测试、鉴定测试和认证测试。虽然这三个类别的测试仪在某些功能上可能有重叠，但每个类别的仪器都有其特定的使用目的。

验证测试仪可以解决的问题是线缆连接是否正确。验证测试仪通常被网络工程师当做解决线缆故障的首选仪器。

鉴定测试仪可以解决的问题是布线系统是否能支持所选用的网络技术。鉴定测试仪功能更全，使得网络工程师可在其帮助下诊断现有布线系统和对交换机端口进行维护。

认证测试仪可以解决的问题是布线系统是否符合有关标准。这类仪器适用于布线系统的专业人员，以确保新的布线系统完全满足布线系统相关标准的要求。

4.2.1 电缆链路的测试方式

在国家标准 GB 50312—2007《综合布线系统工程验收规范》中定义了超五类布线系统永久链路和信道的测试标准。

1. 永久链路测试方式

永久链路又称固定链路，在国际标准化组织 ISO/IEC 所制定的超五类、六类标准及 TIA/EIA 568B 中，定义了永久链路测试方式。永久链路测试方式供工程安装人员和用户用以测量所安装的固定链路的性能。永久链路由 90m 水平电缆和链路中相关接头（必要时增加一个可选的转接/汇接头）组成，永久链路不包括现场测试仪插接线和插头，以及两端 2m 的测试电缆，电缆总长度为 90m，永久链路测试方式，如图 4-1 所示。

2. 信道测试方式

信道有时也称为通道，是指包括用户终端连接线在内的整体通道，即端到端的链路。

信道包括最长 90m 的水平线缆、一个信息插座、一个靠近工作区的可选的附属转接连接器、在楼层配线间跳线架上的两处连接跳线和用户终端连接线，总长不得超过 100m（设备到信道两端的连接线不包括在信道之内）。信道测试方式如图 4-2 所示。

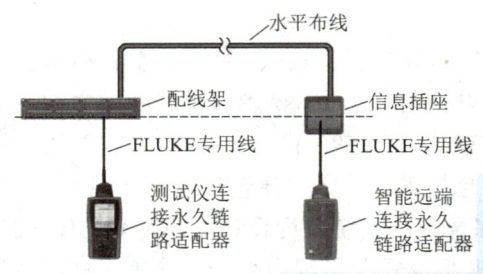

图 4-1 永久链路测试方式

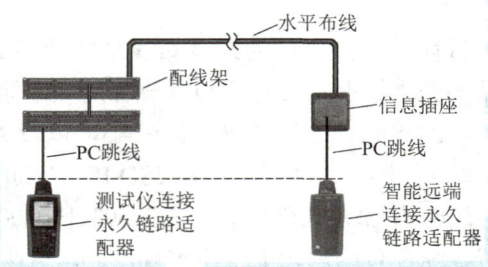

图 4-2 信道测试方式

第四章 综合布线系统测试

4.2.2 电缆链路的验证测试

验证测试仪具有最基本的连通性测试功能（例如，接线图测试和音频发生等）。有些验证测试仪还有其他一些附加功能，能测试线缆长度或对故障定位的时域反射（TDR），还可以检测到线缆是否已接入交换机或检查同轴电缆（铜轴电缆）的连接等。验证测试仪在现场环境中随处可见，简单易用，价格便宜，通常作为解决线缆故障的入门级仪器。

在 GB 50312—2007《综合布线系统工程验收规范》的附录 B.0.2 中，指明了测试连接图主要是对水平电缆终接在工作区或电信间配线设备通用插座的安装连接进行测试，验证其是否正确。正确的线对组合为 1/2、3/6、4/5、7/8，分为非屏蔽和屏蔽两类，对于非 RJ-45 的连接方式按相关规定要求列出结果。布线过程中可能出现图 4-3 所示的正确或不正确的连接图测试情况。

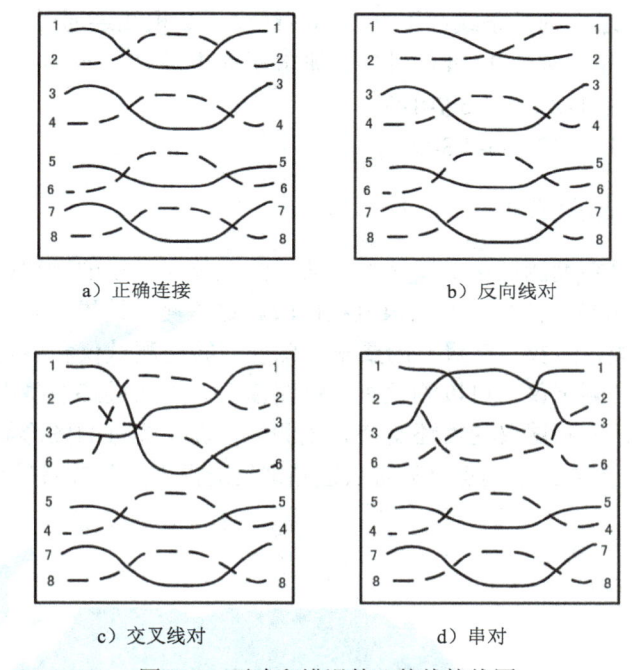

图 4-3　正确和错误的双绞线接线图

在施工中所遇到的错误经常千奇百怪、各种原因都有，靠验证测试能将大部分错误检查出来。在电缆施工中常见的是连接故障，例如电缆标签贴错、连接不良（开路、短路）、电缆与信息插座间的接线图错误等。这些故障的特点和原因如下。

开路、短路：通常是由于在施工过程使用工具不当或者接线技巧不熟而导致的，也可能是由于在放线过程中用力过大或摩擦过大导致的。

反向线对：将同一线对的线序接反，通常在打线时由于粗心大意所致。

交叉线对：即一端使用 568A 线序标准，另一端使用 568B 线序标准，可能是由于在设计之初没有定好使用的标准所导致，也可能由于每个人的习惯不同所导致。

串对：即线序没有按照标准进行排列，此种情况经常发生，通常是由于粗心大意所致，也可能是由于使用的双绞线质量太差，线上的色标容易掉，导致打线时看不出线的色标。

下面是常用的验证测试仪——能手测线仪的简要功能及操作说明。

1. 能手测线仪的功能

1）对双绞线 1、2、3、4、5、6、7、8、G 线对逐根（对）测试，并可区分判定哪一根（对）错线、短路和开路。

2）开关 ON 为正常测试速度，S 为慢速测试速度。

2. 双绞线测试

打开电源，将网线插头分别插入主测试器和远程测试端，主机指示灯从 1 至 G 逐个顺序闪亮。主测试器闪亮顺序为 1-2-3-4-5-6-7-8-G，远程测试端闪亮顺序为 1-2-3-4-5-6-7-8-G（RJ-45）。

若接线不正常，按下述情况显示。

1）当有一根网线（如 3 号线）断路，则主测试器和远程测试端 3 号灯也不亮。

2）当有几条线不通，则几条线都不亮，当网线少于 2 根线连通时，灯都不亮。

3）当两头网线乱序，例如 2、4 线乱序，则显示如下。

　　主测试器不变：1-2-3-4-5-6-7-8-G

　　远程测试端：1-4-3-2-5-6-7-8-G

4.2.3　电缆链路的认证测试

认证测试是线缆可靠度测试中最严格的。认证测试仪在预设的频率范围内进行许多种测试，并将结果同 TIA 或 ISO 标准中的极限值相比较。这些测试结果可以判断链路是否满足某类或某级（例如超五类、六类、D 级）的要求。此外，验证测试仪和鉴定测试仪通常是以信道模型进行测试，认证测试仪还可以测试永久链路模型。永久链路模型是综合布线时最常用的安装模型。另外，认证测试仪通常还支持光缆测试，提供先进的图形终端能力，并提供内容更丰富的报告。一个重要的不同点是只有认证测试仪能提供一条链路是"通过"还是"失败"的判定能力。

4.2.3.1　测试的参数

1. 接线图

接线图（Wire Map）显示线缆两端的打线方式是否匹配，且根据打线标准（TIA/EIA 568A、TIA/EIA 568B）有固定的色标，还包括了信息模块的打线方法。要尽量做到统一打线标准，否则可能因打线错误而造成网络通信的不正常。打线方法如图 4-4 所示。

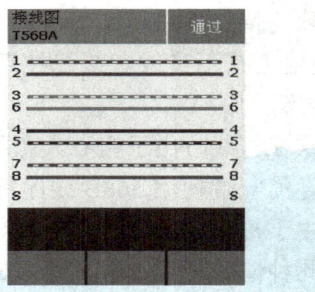
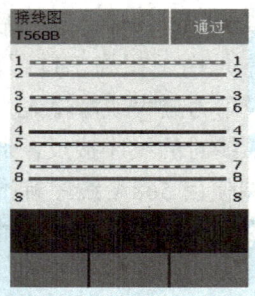

图 4-4　TIA/EIA 568A 和 TIA/EIA 568B 的线序

第四章 综合布线系统测试

这两种打法是施工中经常使用的打法，在以太网里规定了1、2是一绞对，负责网络数据的发送，3、6是一绞对，负责网络数据的接受，因此1、2一对，3、6一对，4、5一对，7、8一对的打法是必需的，并不能1、2、3、4、5、6、7、8这样打，这样打叫做串绕，会导致信号的严重泄漏（详见NEXT：近端串扰），所以在布线过程当中要注意打线的方法。下面列举一些打线错误的例子。

（1）开路

开路指线路中有断开现象。如图4-5所示，7、8线对在离主机端22.3m处有线路断开现象。这一般是由于水晶头处的线缆接触不良造成的，可以用线缆测试设备进行故障点定位。

（2）短路

短路指线路里有两根或多根线金属内芯互相接触，导致短路。如图4-6所示，3、6线对在离主机端21.5m处发生了短路，在离远端13.0m处也发生了短路。

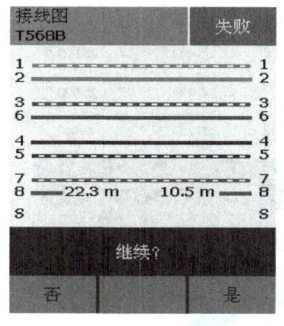

图4-5 双绞线开路

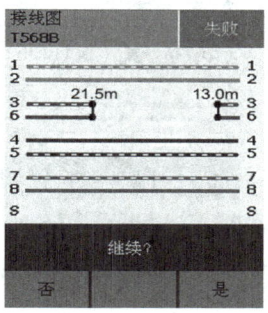

图4-6 双绞线短路

（3）错对/跨接

错对/跨接是指在布线过程中两端的打线方法错误，即一端使用了568A、另一端使用了568B的打法。如图4-7所示，通常此种打线方法用在网络设备的级连或网卡之间的连接，但作为一般的布线来说只需要两端的打线方法一致。模块的打线方法可以参考上面的色标。

（4）反接

反接是由于一对线的两端正负极连接错误。一般认为奇数线号为正电极，偶数线号为负电极，如568B中1线的白橙线为第一线对的正极，2线的橙线为负极，这样可以形成直流环路。反接就是在打线时同一线对的正负极弄混了，如图4-8所示。

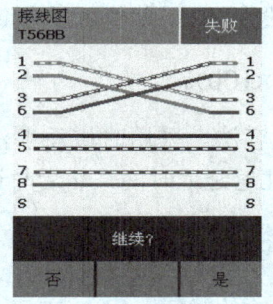

图4-7 双绞线错对/跨接

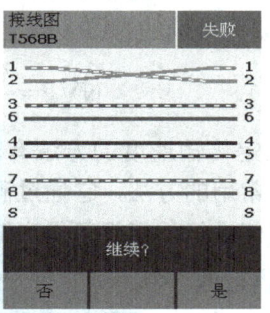

图4-8 双绞线反接

（5）串绕

串绕是打线中常见错误的一种，是没有严格遵守打线标准的做法。标准中规定的是1、2为一线对，3、6为一线对，如果把3、4打成了一个线对会造成信号泄漏，即产生了NEXT，这样会导致用户上网困难或网络间接性中断，尤其在100Mbit/s的网络中表现得尤为明显，如图4-9所示。

2. 电阻

由于任何导线都存在电阻（Resistance），双绞线也不例外。直流环路电阻是指一对双绞线电阻之和。测量直流环路电阻时，应在线路的远端短路，在近端测量直流环路电阻。测量的值应与电缆中导线的长度和直径相符合。测试值如图4-10所示。

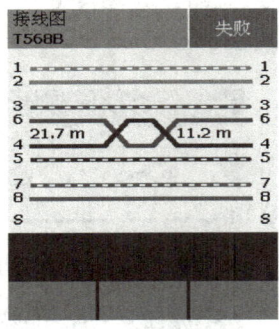

图4-9 双绞线串绕

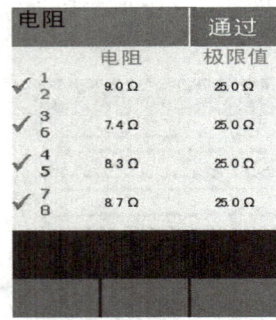

图4-10 双绞线的电阻

3. 长度

各个测试模型所规定的长度（Length）不一样，基本上遵循了以太网的访问机制——CSMA/CD（载波侦听多路访问/冲突检测），以下为各个标准所规定长度的情况。

1）永久链路（Permanent Link）：长度极限为90m，不包括两端的测试跳线。

2）信道链路（Channel Link）：长度极限为100m，包括两端的测试跳线、链路中的转接和信息模块。

应该注意的是，这里所说的长度是指线缆绕对的长度，并不是指线缆表皮的长度。一般来说，绕对的长度要比表皮的长度长，并且由于每对线对的绞率不同，4对绕对的线缆可能长度不一。

一般来说，测试值允许的最大长度测量误差为10%，如图4-11所示。要精确地计算线缆的长度，就要有准确的NVP（额定传输速度）值，NVP值一般为69%，此值可以咨询生产厂商。

$$NVP = \frac{信号在线缆中传输的速度}{信号在真空中传输的速度} \times 100\%$$

测量额定传输速度的方法有时域反射法（TDR）和电容法。采用时域反射法测量链路的长度是最常用的方法，它通过测量测试信号在链路上的往返延迟时间，然后与该电缆的额定传输速度值进行计算就可得出链路的电气长度。

4. 传输延迟

传输延迟（Propagation Delay）即信号在每对链路上传输的时间，用ns表示，其极限值为555ns。如果传输延迟偏大，会造成延迟碰撞增多。测试值如图4-12所示。

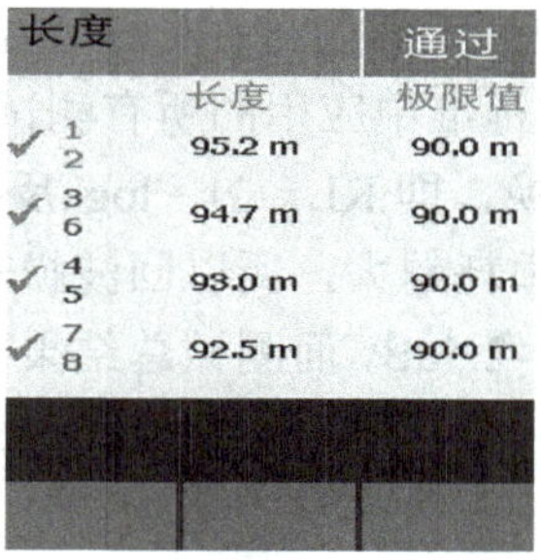

第四章 综合布线系统测试

图 4-11 双绞线的长度

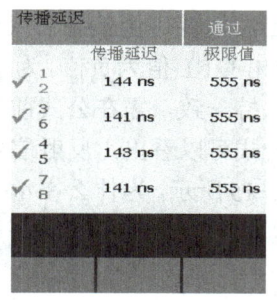

图 4-12 双绞线的传输延迟

5. 延迟偏离

时延偏离（Delay Skew）即信号在线对上传输时最小时延和最大时延的差值，用 ns 表示，一般在 50ns 以内。在千兆网中，由于可能使用 4 对线传输，且为全双工，在数据发送时，采用了分组传输，即将数据拆分成若干个数据包，按一定顺序分配到 4 对线上进行传输，而在接收时，又按照反射顺序将数据重新组合，如果延时偏差过大，那么势必造成传输失败。测试值如图 4-13 所示。

6. 插入损耗 / 衰减

插入损耗（Insertion Loss）原指在传输系统的某处由于元件或器件的插入而造成的负载功率的损耗，它表示该元件或器件插入前负载上所接收到的功率与插入后同一负载上所接收到的功率以分贝（dB）为单位的比值。插入损耗多指功率方面的损失，衰减（Attenuation）是指信号电压的幅度相对原信号幅度的变小，为链路中传输所造成的信号损耗（以 dB 表示）。一般造成衰减的原因包括电缆材料的电气特性和结构、不恰当的端接、阻抗不匹配形成的反射。如果衰减过大，会造成电缆链路传输数据不可靠，所以测试值越小越好，余量越多越好。测试值如图 4-14 所示。

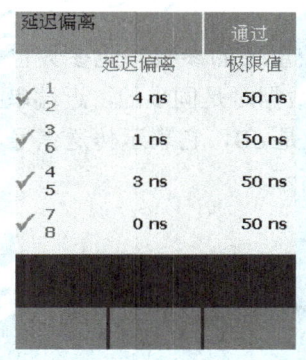

图 4-13 双绞线的延迟偏离

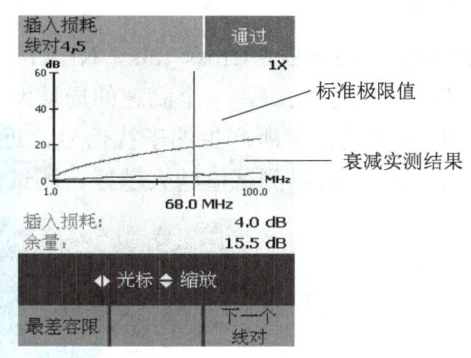

图 4-14 双绞线的衰减

7. 回波损耗

无论在光纤链路还是在电缆链路中回波损耗（Return Loss）都是需要考虑的重要指标参数。回波损耗是指当信号从发送端传输至接收端时，在正常的情况下，只要在传输的链路中存在连接点（如线缆与连接器件的连接部位），都会对信号产生反射，使部分信号返至发送端。如果网络设备的端口为全双工的端口，则反射回来的信号被当成对端网络设备发来的有用信号而接收。回波损耗是一种干扰信号，当其指标值超过标准的规定时，就会影响网络的

正常工作。回波损耗可由下列公式计算得出：RL=N·log|反射信号/发射信号|。在实验室环境中，测定出的RL值为负值。为了避免混乱，国际布线标准中应用的所有测试值均为正值。为了与规范保持一致，需在公式前加入一个负号进行转换，即RL=–N·log|反射信号/发射信号。根据公式可以看出，反射信号越小，所谓的回波损耗越大，所以回波损耗越大越好。测试值如图4-15所示，为什么在46.5MHz处余量已经是–2.5dB，而测试总结果却是通过呢？

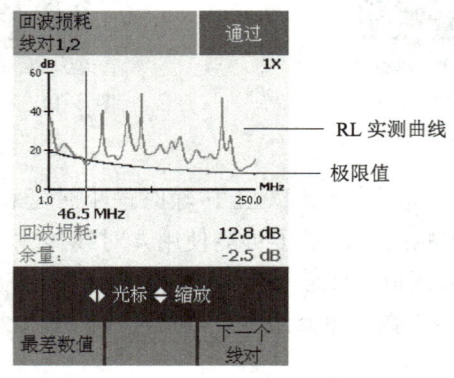

图4-15　双绞线的回波损耗

测试仪首先从衰减结果曲线中找到损耗3dB的频率点，在1/2线对的衰减图中损耗3dB的频率点大概在100MHz处。为什么是3dB呢？因为当衰减小于3dB时，可以忽略回波损耗值，这一原则适用于TIA和ISO的标准。这样，对于1/2线对的回波损耗，从1～100MHz的回波损耗值都将被忽略，只要查看从100MHz到测量最大范围内（图4-15中最大范围为250MHz）的情况是否满足要求即可。所以，这就是为什么在46.5MHz处余量已经是–2.5dB，而测试总结果是通过的原因。

8. 近端串扰

近端串扰（Near End Cross Talk，NEXT）是标准中比较重要的参数，此参数也是作为线缆质量评估的重要砝码。一个高速的局域网在传送和接收数据时是同步的，近端串扰是当传送与接收同时进行时所产生的干扰信号，近端串扰的单位是dB，它表示传送信号与串扰信号之间的比值，所以测试值越大越好。测试值如图4-16所示。

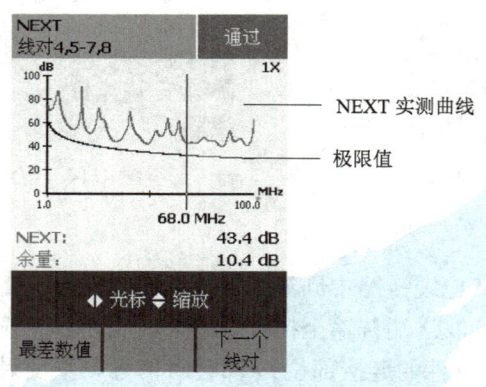

图4-16　双绞线的近端串扰

首先要了解双绞线要双绞的原因。由于每对绞线上都有电流流过，有电流就会在线缆附近

第四章 综合布线系统测试

造成磁场，为了尽量抵消线与线之间的磁场干扰（包括抵消近场与远场的影响），达到平衡的目的，所以把同一线对进行双绞，但是在做水晶头时必须把双绞拆开，这样就会造成1、2线对的一部分信号泄漏出来，被3、6线对接收到。泄漏出来的信号，称为串音或串扰，因为发生在信号发送的近端，所以叫做近端串扰。FLUKE 线缆测试仪 DSP 系列通过时域到频域的转换，测试的结果是频率的函数，同时因为通过在时域发送一个方波信号（相当于无数正弦波的叠加），测量范围是 1～100MHz（Cat5、Cat5e）和 1～250MHz（Cat6），DSP-4x00 系列可以测到 350MHz，为将来的测试留有非常大的裕量，可以满足不同的测试需求。ANSI/EIA-568-B.2 标准要求 NEXT 测试要在整个电缆带宽范围内进行。标准规定：在 1～31.25MHz 频段，测试的最大采样步长为 0.15MHz；在 31.26～100MHz 频段，最大采样步长为 0.25MHz；在 100～250MHz 频段，采样步长为 0.50MHz。

工作原理：测试仪首先从衰减结果曲线（见图 4-14）中找到损耗 4dB 的频率点，在这张图中损耗 4dB 的频率点就在 68MHz 处。为什么是 4dB 呢？因为当衰减小于 4dB 时，可以忽略近端串扰，这一原则只适用于 ISO 11801-2002 标准。这样对于 4/5 线对的近端串扰，1～168MHz 的结果都将被忽略，只要查看从 68MHz 到测量最大范围内（图 4-16 中最大范围为 100MHz）的情况是否满足要求即可。

9. 综合近端串扰

综合近端串扰（PSNEXT）是为测试五类大对数线缆的串扰性能而开发的，最初应用于 25 对线缆，后来应用于 25 对连接件。

综合的方法就是计算某线缆中一个线对（被干扰对）受到其他所有线对（干扰对）信号传输的影响的总和。例如，一根 4 对线缆，有 3 对线干扰第 4 对线，所有这 3 对线对第 4 对线的影响均计算在内。

综合近端串扰用于线缆和信道的测量，对于增强型五类或六类的连接件都没有这个要求。综合近端串扰的 dB 值越大，性能越好。

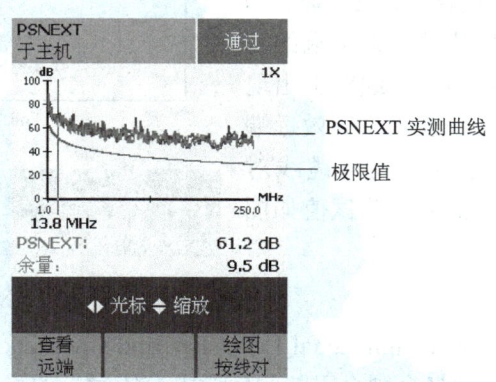

图 4-17 双绞线综合近端串扰图

10. 衰减串扰比

衰减串扰比（Attenuation to Crosstalk Ratio，ACR）或衰减与串扰的差（以 dB 表示），并非另外的测量值，而是衰减和串扰的计算结果，类似信噪比。

$$ACR = NEXT - Attenuation$$

其含义是一对线对感应到的泄漏的信号（NEXT）与预期接收的正常的经过衰减的信号（Attenuation）的比较，最后值应该是越大越好。测试值如图 4-18 所示。

在 ISO 标准中衰减串扰比是必测值（见图 4-18，有通过/失败判断）。

在 TIA 标准中衰减串扰比仅作参考（如图 4-19 所示，无通过/失败判断）。

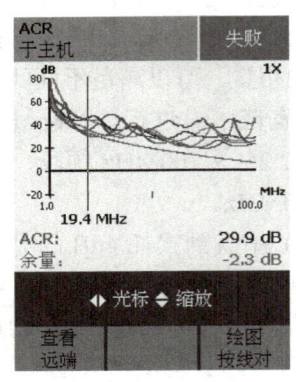 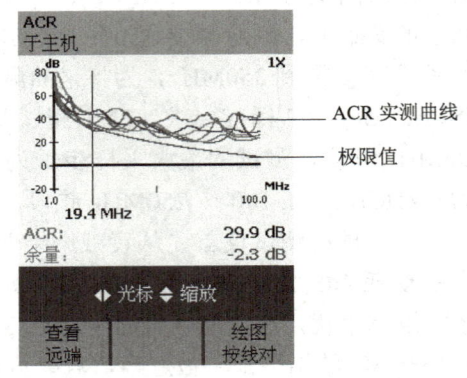

图 4-18　双绞线的衰减串扰比（ISO 标准）　　图 4-19　双绞线的衰减串扰比（TIA 标准）

11. 等效远端串扰

等效远端串扰（Equal Level Far End Crosstalk，ELFEXT）是远端串扰和衰减信号的比，它通过在一个电缆对的近端输入一个已知的测试信号，然后测量同一电缆另一端另一线对上的耦合噪声来进行测量。它可以简单地用公式表示为

$$ELFEXT = \frac{FEXT}{Attenuation}$$

实际上，这是信噪比的另一种表达方式，即两个以上的信号朝同一方向传输（1000Base-T）时的情况。等效远端串扰用测试电缆远端的测试信号的衰减水平与同在远端另一线对上出现的耦合噪声信号水平间的比来表示。等效远端串扰用 dB 值表示，dB 值越大，则电缆线对间的信号耦合越少（性能越好）。测试值如图 4-20 所示。

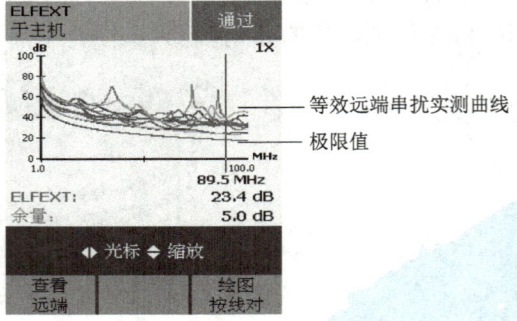

图 4-20　双绞线的等效远端串扰

12. 综合等效远端串扰

综合等效远端串扰（Power Sum Equal Level Far End Crosstalk，PSELFEXT）用于测量因三个临近线对上远端信号的多余耦合引起的任意电缆线对上的噪声。任意线对的综合等效远端串扰通过在该线对和三个其他线对之间测量的等效远端串扰的功率总和来计算。

综合等效远端串扰用测试电缆远端的三个测试信号的衰减水平与同在远端剩余线对上出现的耦合噪声信号水平间的比率来表示，单位为 dB。

综合等效远端串扰的 dB 值越大，则电缆对间的信号耦合越少（性能越好）。测试值如图 4-21 所示。

第四章　综合布线系统测试

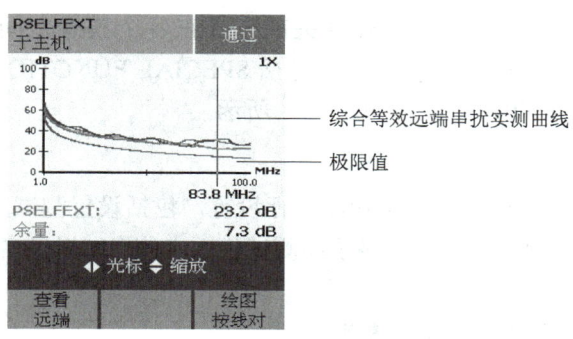

图 4-21　双绞线的综合等效远端串扰

4.2.3.2　测试的过程

DTX 系列线缆认证测试仪是福禄克网络公司主推的产品，能提高测试过程中各个环节的性能，大大缩短整个认证测试的时间。

DTX 系列线缆认证测试仪具有 IV 级精度、智能故障诊断能力、900MHz 的测试带宽、12h 电池使用时间和快速仪器设置，并可以生成详细的中文图形测试报告。DTX 系列线缆认证测试仪同样具有主机端和远端两部分（见图 4-22），其按钮功能说明见表 4-1。

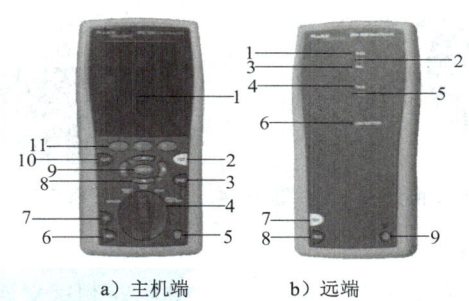

图 4-22　DTX 系列线缆认证测试仪的主机端和远端

表 4-1　按钮功能

主　机　端	远　端
1．LCD 显示屏幕	1．测试通过指示灯 PASS
2．测试按钮 TEST	2．测试指示灯 TEST
3．保存按钮 SAVE	3．测试失败指示灯 FAIL
4．旋转开关，可设置不同的测试模式	4．对话指示灯 TALK
5．电源开关	5．音频测试指示灯 TONE
6．对话开关 TALK	6．电池电能不足指示灯 LOW BATTERY
7．背光切换，明亮和暗淡切换	7．测试按钮 TEST
8．方向键	8．对话按钮 TALK
9．回车键	9．远端电源开关按钮
10．退出按钮 EXIT	
11．功能按钮 F1、F2、F3	

DTX 系列线缆认证测试仪采用旋转开关的方式在各个模式之间进行切换，通过使用各种测试可对测试仪进行测试，具体模式包括 SPECIAL FUNCTIONS、SETUP、 AUTO TEST、SINGLE TEST、MONITOR，如图 4-23 所示。

1. SPECIAL FUNCTIONS 模式介绍

使用该设置模式可对测试仪的基本功能进行设置，包括设置测试基准、自我校验、查看和删除测试结果、查看内存、电池状态显示和测试仪版本信息，以及音频信号发生器等功能。

具体操作步骤：

（1）进入 SPECIAL FUNCTIONS 模式

转动测试仪的旋转开关，将其调整到 SPECIAL FUNCTIONS 模式（特殊参数模式），就能开始功能设置。具体包括设置基准、查看/删除结果、音频信号发生器、内存状态、电池状态、自检和版本信息等，如图 4-24 所示。

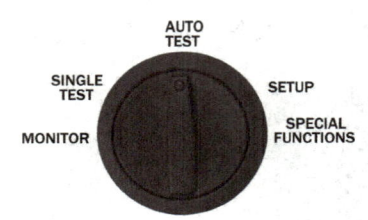

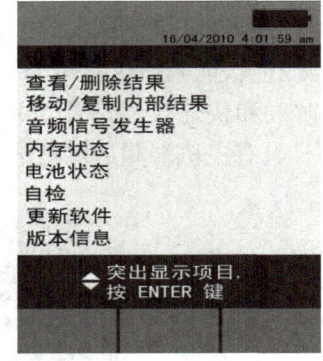

图 4-23　测试模式转换开关　　图 4-24　SPECIAL FUNCTIONS 设置模式选项列表

（2）查看/删除测试结果

选择列表中的"查看/删除结果"选项，可在其中对测试文件夹进行查看和删除操作，并可更改文件夹来查看测试文件，如图 4-25 所示。

（3）查看详细的测试文件内容

在测试文件列表中使用方向键选择具体的测试结果，并使用回车键查看测试的详细内容，包括该条测试是否通过、测试的链路模型、各种电气参数的测试结果等，如图 4-26 所示。

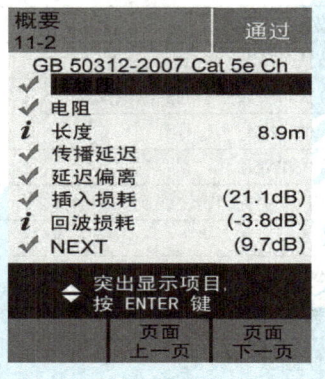

图 4-25　测试结果查看　　　　　　　图 4-26　详细的测试结果

第四章 综合布线系统测试

(4) 查看内存状态

在初始化列表中选择"内存查看"选项，可查看当前测试仪的内存使用情况，包括已保存结果的容量和可用的内存的容量，如图4-27所示。

(5) 格式化内存

在"内存状态"查看界面中可使用"格式"选项格式化内存，达到全部删除内存数据的目的，如图4-28所示。

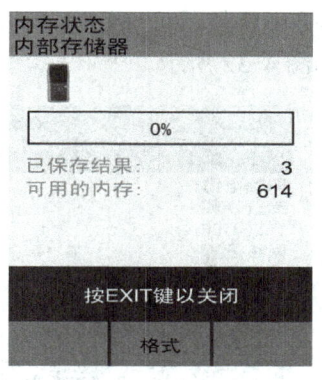

图4-27 内存状态

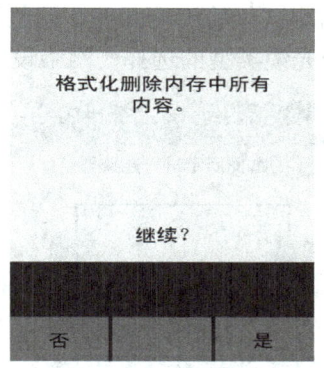

图4-28 格式化内存

(6) 检查电池状态

在初始化列表中选择"电池状态"选项，可在屏幕中了解当前电池的使用情况，包括剩余时间等，如图4-29所示。

(7) 查看版本信息

在初始化列表中选择"版本信息"选项，可对测试仪的版本信息和适配器的版本信息进行查看。如图4-30所示，当前测试仪为DTX-1200系列，还显示校准日期为2008年4月22日等信息。

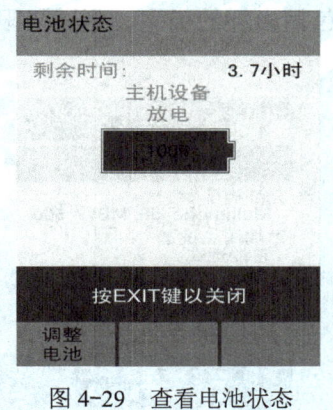

图4-29 查看电池状态　　图4-30 查看测试版本信息

(8) 自检

在列表中选择"自检"选项，对测试仪进行自检。将测试仪主机端与永久链路适配器进行连接，将远端通道链路适配器进行连接，按"TEST"键对测试仪进行自检，测试仪将自动完成仪器的自检，完成后屏幕将显示自检测试完成，如图4-31所示。

2. SETUP 模式

SETUP 模式（设置模式）主要完成选择测试电缆类型和光缆的类型，包括双绞线、同轴电缆和光纤，并对测试仪的基本信息进行设置，包括测试操作员、公司、语言、日期、时间、电源自动关闭时间、自动保存结果设置等内容。

具体操作步骤：

（1）进入 SETUP 模式

转动测试仪的旋转开关，调整到 SETUP 模式。在屏幕中将显示可进行设置的选项，包括电缆和光缆类型的选择、网络设置、仪器设置值等，如图 4-32 所示。

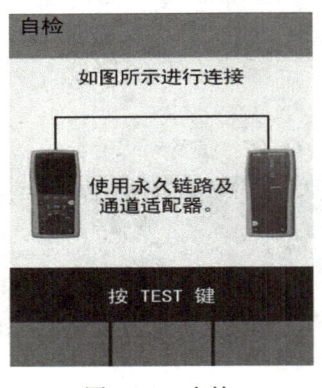
图 4-31　自检

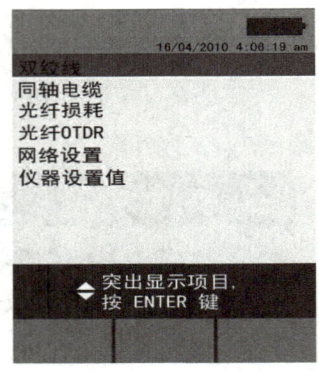
图 4-32　设置模式列表

（2）电缆类型的选择

在屏幕中选择"双绞线"选项，可进入子菜单对测试电缆类型进行设置，包括测试极限值和电缆类型。电缆类型是指测试的电缆类型，包括 UTP、FTP 等。测试极限值则是各种测试的链路模型，如 TIA Cat 5 Ch（Ch 表示通道）等。此外，还可对 NVP 进行设置，如图 4-33 所示。

（3）光纤类型的选择

选择"光纤"选项后可对测试的光纤进行选择，包括光纤的类型、测试极限值、熔接点的数目、连接器的类型等，如图 4-34 所示。

图 4-33　电缆类型的选择

图 4-34　光纤类型的选择

（4）仪器基本参数的设置

选择"仪器设置值"选项可对测试仪的基本参数进行设置，包括线缆标识、操作员、日

第四章 综合布线系统测试

期、时间和自动保存设置等,如图 4-35 所示。

(5)线缆标识和当前文件夹的设置

选择了"仪器设置值"选项后,首先进入的是线缆标识设置和当前文件夹设置选项卡,在该选项卡中可设置线缆的标识是自动递增,还是无标识,或者是采用自动序列;还可设置当前文件夹。设置了当前文件夹后,所有的测试结果将会自动保存在该文件夹中,如图 4-36 所示。

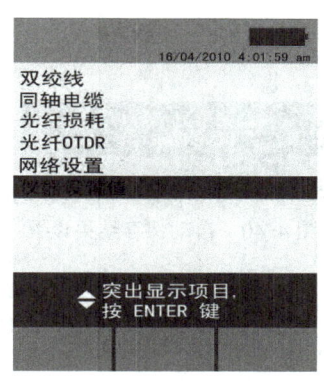

图 4-35 仪器设置值

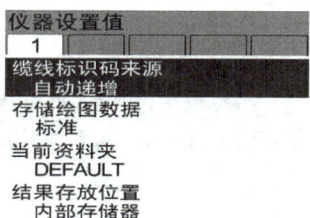

图 4-36 标识和当前文件夹设置

(6)操作人员信息和语言的设置

采用方向键选择 2 号选项卡,可进行操作人员信息和语言的设置,具体包括操作员姓名、操作地点、操作公司和语言的转换,如图 4-37 所示。

(7)日期和时间单位的设置

选择 3 号选项卡后,可对日期、时间和长度单位等内容进行设置,以保证认证测试的准确性,如图 4-38 所示。

图 4-37 操作人员信息和语言的设置

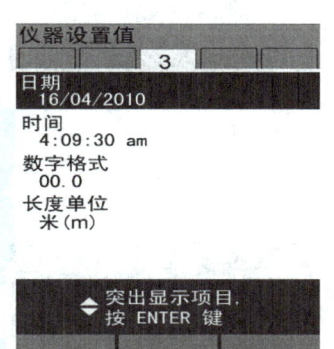

图 4-38 日期和时间单位的设置

(8)电源信息的设置

选择 4 号选项卡后,可对电源自动关闭时间、背光超时时间等内容进行设置,如图 4-39 所示。

（9）自动保存结果设置

选择 5 号选项卡后，可对自动保存结果进行设置，如图 4-40 所示。

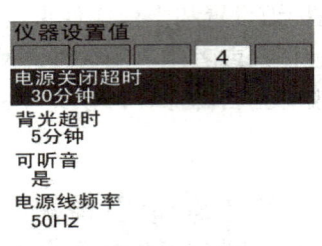
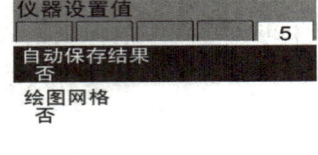

图 4-39　电源信息的设置　　　　　　图 4-40　自动保存结果设置

（10）网络功能的设置

在设置模式下还可对测试仪的网络功能进行设置，包括设置测试仪的 IP 地址（静态分配或 DHCP），以及目的 IP 地址设置，如图 4-41 所示。

3. AUTO TEST 模式

要使用 AUTO TEST 模式（自动测试模式），只需选定正确的电缆类型，按"TEST"键就能对当前的链路进行全面的自动测试，并能保存测试结果。

具体操作步骤：

（1）选择 AUTO TEST 模式

使用旋转开关选择 AUTO TEST 模式，开始对链路进行自动测试。屏幕中将会显示当前测试的链路模型、标准、测试人员信息、地点、当前文件夹等内容，如图 4-42 所示。

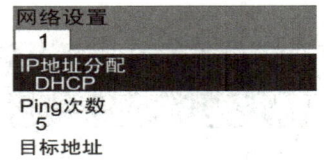

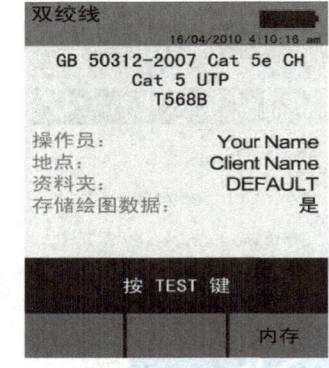

图 4-41　网络功能的设置　　　　　　图 4-42　自动测试

（2）自动测试结果

当选择了正确的测试链路模型，将链路正确连接至主机和远端机后，按"TEST"键后就能对链路进行测试，完成后将自动保存测试结果。可以通过 FLUKE 专用软件将测试结果导入计算机，一般以 PDF 文件格式保存。测试结果如图 4-43 所示。也可直接在测试仪上使用方向键和回车键来查看每项电气参数。

第四章 综合布线系统测试

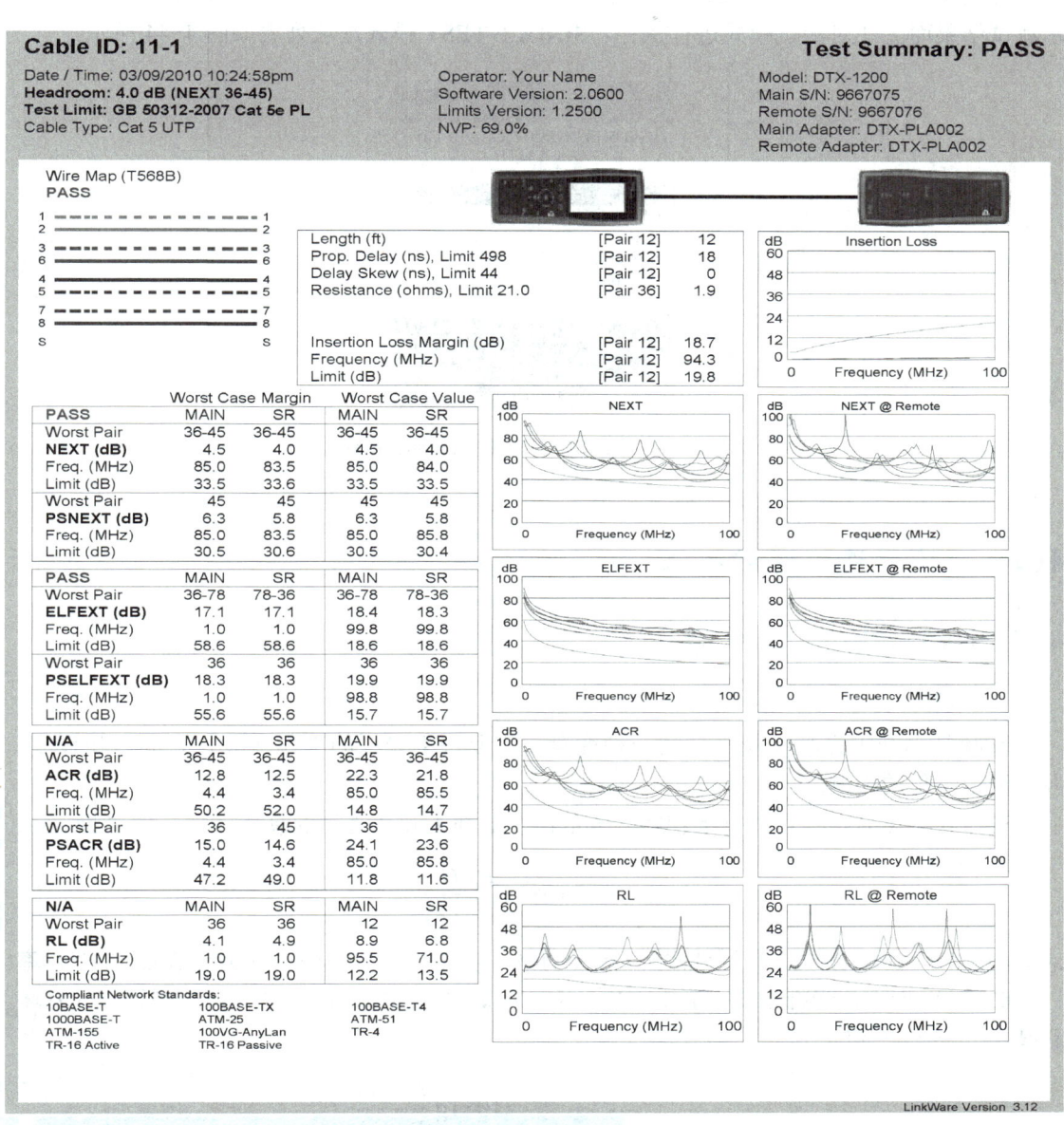

图 4-43 测试结果

4. SINGLE TEST 模式

使用 SINGLE TEST 模式（单项测试模式），可对链路中的各单项模式进行单独的测试，包括接线图、电阻、长度、传输延迟、插入损耗等内容。

具体操作步骤如下：

使用旋转开关选择 SINGLE TEST 模式，对链路进行单项测试。但该种测试只能直接显示测试结果而无法对测试模式进行保存。SINGLE TEST 模式选项列表如图 4-44 所示。

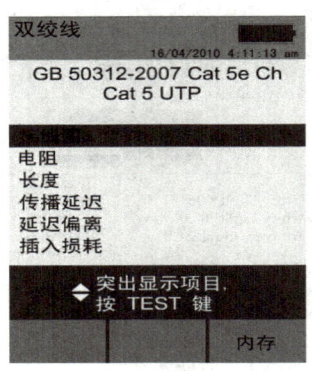

图 4-44　SINGLE TEST 模式选项列表

4.3　光缆传输通道的测试

4.3.1　测试参数

1. 衰减

衰减是光纤中光功率减少量的一种度量，它取决于光纤的工作（波长）类型和长度，并受测量条件的影响。

在波长为 λ 时，一段光纤上相距为 L 的两个截面 1 和 2 之间的衰减 $A(\lambda)$ 定义为

$$A(\lambda) = 10 \times \lg \frac{P_1(\lambda)}{P_2(\lambda)}$$

式中，$P_1(\lambda)$ 为在波长为 λ 时通过截面 1 的光功率；$P_2(\lambda)$ 为在波长为 λ 时通过截面 2 的光功率。

通常，对于均匀光纤来说，可用单位长度的衰减（即衰减系数）反映光纤衰减性能的好坏。衰减系数 $\alpha(\lambda)$ 定义为

$$\alpha(\lambda) = A(\lambda)/L = \frac{10 \times \lg \frac{P_1(\lambda)}{P_2(\lambda)}}{L}$$

式中，L 为光纤长度（km）。

$\alpha(\lambda)$ 的值与选择的光纤长度无关，单位为 dB/km。

在 GB 50311—2007《综合布线系统工程设计规范》中定义了光缆布线链路的最大衰减值。表 4-2 列出了光缆允许的带宽衰减值，表 4-3 列出了各子系统允许的链路长度和衰减值。

第四章　综合布线系统测试

表 4-2　光缆允许的带宽衰减值

光缆模式	波长 /nm	最大衰减 / (dB/km)	带宽 /MHz
多模	850	3.5	200
	1300	1	500
单模	1310	1	
	1550	1	

表 4-3　各子系统允许的链路长度和衰减值

光缆应用类别	链路长度 /m	多模衰减值 /dB		单模衰减值 /dB	
		850nm	1300nm	1310nm	1550nm
配线子系统	100	2.5	2.2	2.2	2.2
干线子系统	500	3.9	12.6	2.7	2.7
建筑群子系统	1500	7.4	13.6	3.6	3.6

2. 插入损耗

插入损耗是光纤链路中的各段光纤、光链路器件的损耗（包括预留裕量）总和（dB 值），即向一个链路发射的光功率和这个链路的另一端接收的光功率的差值。

3. 回波损耗

回波损耗又称为反射损耗，它是指在光纤连接处，后向反射光相对输入光的比率的 dB 值。回波损耗愈大愈好，以减少反射光对光源和系统的影响。将光纤端面加工成球面或斜球面是改进回波损耗的有效方法。

在 GB 50311—2007《综合布线系统工程设计规范》中定义了光缆的最小回波损耗值，见表 4-4。

表 4-4　光缆的最小回波损耗值

光纤模式，标称波长	最小的光回波损耗限值 /dB
多模，850nm	20
多模，1300nm	20
单模，1310nm	26
单模，1550nm	26

4. 最大传输延迟

最大传输延迟是光纤链路中从光发射器到光接收器之间的传输时间。

5. 带宽

在 GB 50311—2007《综合布线系统工程设计规范》中定义了多模光缆的最小光学模式带宽，见表 4-5。

表 4-5　多模光缆的最小光学模式带宽

标称波长 /nm	最小光学模式带宽 /MHz
850	100
1300	250

6. 长度

长度即光缆的长度，依据生产厂家在光缆首端与尾端上标出的数据计算或用测试仪进行测试。

4.3.2　测试过程

光缆由于其自身的一些特性，应用时没有双绞线那样灵活，但是在远程数据传输或高可靠性的网络连接环境中主要还是应用光缆。光纤测试相对于双绞线测试，距离一般比较远，所需仪器比较精密。

（1）光纤设置

开始光纤设置之前首先将光纤模块按照安装说明手册正确安装好，然后开启 DTX 测试仪的电源，将旋转开关调至"SETUP"位置，并选择"光纤"选项，接着按"ENTER"键即可查看需要设置的选项，如图 4-45 所示。选项包括光纤类型、测试极限值和远端端点设置三项，按照默认顺序依次进行设置即可。

- 光纤类型

"光纤类型"选项用于选择适应当前测试任务的光纤类型。根据分类标准的不同，光纤分类结果也是多种多样的，DTX 采用了按照传输模式划分、按照波长划分等多种常用分类标准。例如，按照传输模式进行划分的，可以分为单模光纤和多模光纤。其中，多模光纤的纤芯比较粗，通常芯线标称直径规格为 62.5μm/125μm（指光纤纤芯直径为 62.5μm，而包层直径为 125μm）或 50μm/125μm 两种。由此可见，光纤的分类是非常详细的，所以在选择光纤类型过程中应特别慎重。

第 1 步，选择"光纤类型"后按"ENTER"键，即可显示图 4-46 所示的光纤类型选择页面。在这里用户可以选择通用光纤类型，然后选择对应的光线型号，也可以根据制造商的不同而选择相应的光线类型。建议用户选择"通用"。

第 2 步，选择"通用"后按下"ENTER"键即可进入详细的光纤类型选择页面，如图 4-47 所示。此处的光纤类型包括了各种分类标准所产生的分类结果，如 Multimode 62.5、Multimode 50、Singlemode、Singlemode Sum、Singlemode 18P、Singlemode OSP 和 OF-300 Multimode 62.5 等。

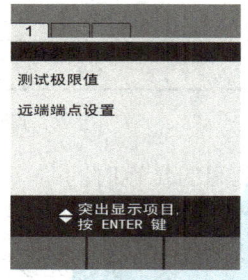

图 4-45　需要设置的选项

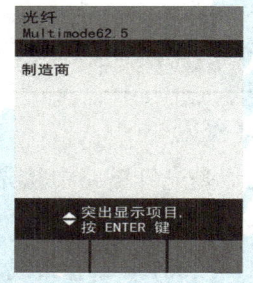

图 4-46　选择光纤类型

第四章 综合布线系统测试

第3步，使用方向键可以选择不同的选项，最后按下"ENTER"键即可确认、保存选择并返回光纤设置页面。

- 测试极限值

"测试极限值"选项为当前任务设定相应的测试极限值，以保证测试结果的准确性。通过移动方向键选择"测试极限值"并按下"ENTER"键，显示图 4-48 所示页面。这里默认显示的是 DTX 测试仪自动保存的最近使用的几项测试极限值，按照保存时间的长短依次排列。如果需要对同一任务进行反复测试，则省去了重新设置的步骤，大大提高了测试效率。

图 4-47 选择对应的光纤类型

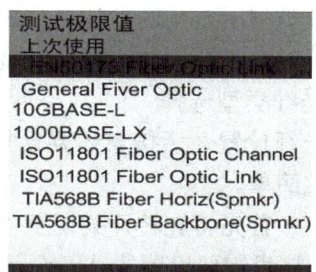

图 4-48 曾用的测试极限值

- 远端端点设置

光纤测试远端端点设置共包括以下三种，分别应用于不同的测试任务：
1）用智能远端模式来测试双重光纤布线。
2）用环回模式来测试跳接线与光缆绕线盘。
3）用远端信号源模式及光学信号源来测试单独的光纤。

- 双向

根据当前执行的测试任务决定是否选择双向模式，例如若当前测试任务是双向测试，则应选择双向模式。

- 连接点类型

"连接点类型"选项用于选择待测布线的连接器类型，如果未列出实际的连接器类型，可以选择"通用"。

- 测试方法

1）方法 A：损耗结果包含链路一端的一个连接。
2）方法 B：损耗结果包含链路两端的连接。
3）方法 C：损耗结果不包含链路各端的连接，仅测量光纤损耗。

以上三种测试方法只是对于 DTX 测试设备而言的。另外，工业标准中对于相同的测试方法所采用的名称也是不同的。表 4-6 中列出的是 DTX 测试仪标准和四大通用工业标准所采用的三种光纤测试方法的对比情况。

表 4-6　DTX 测试仪标准和四大通用工业标准所采用的三种光纤测试方法的对比

损耗结果包含的链路端点连接数	DTX测试仪	TIA/EIA-526-14A（多模）	TIA/EIA-526-7（单模）	IEC 61280-4-1（多模）	IEC 61280-4-2（单模）
1 个连接	方法 A	方法 A	方法 A-2	方法 1	方法 A-2
2 个连接	方法 B	方法 B	方法 A-1	方法 2	方法 A-1
无连接	方法 C	方法 C	方法 A-3	方法 3	方法 A-3

折射率来源不会影响损耗的测试结果,它将与测试结果一同保存,用于记录用户所选定的光纤类型(默认值)所定义的折射率(n)值或用户所定义的折射率值(用户自定义)。选定的光纤类型所定义的默认值代表该特定光纤类型的典型值,如果需要,可以输入另一个值。增加折射率将会增加测得的长度。

(2) 光纤类型选择

完成光纤设置之后接着还要选择用于参照测试的光纤类型,在本 DTX 测试仪上设置测试参照非常简单。

第 1 步,首先将旋转开关调至"SPECIAL FUNCTIONS"位置,此时会显示图 4-49 所示的页面,在这里需要设置的是"设置基准",其他选项均可保持默认状态。

第 2 步,选择"设置基准"后按"ENTER"键,显示图 4-50 所示的页面。设置过程中会出现详细的提示信息帮助用户完成每一步操作,因此即使用户刚刚接触 DTX 测试仪也不会感到困难。从该页面中的提示信息可以看出,当前的 DTX 测试仪上只安装了光纤测试模块,所以在"链路接口适配器"下面仅有一个"光缆模块"可选。如果既安装了光缆模块又连接了双绞线适配器,为了测试任务的顺利完成,就应当确认被选择的是"光缆模块"。

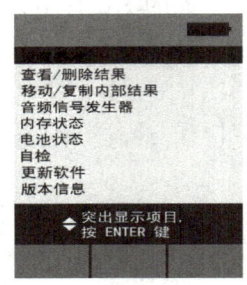　　　　　　　　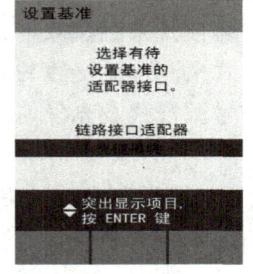

图 4-49　特殊参数　　　　　　　图 4-50　选择链路接口适配器

第 3 步,按"ENTER"键之后,设置基准屏幕页面将会显示所选测试方法的基准连接。清洁测试仪上的连接器及跳接线,连接测试仪及智能远端,然后按"TEST"键。

第 4 步,完成参照设置之后,DTX 测试仪将会以两种波长显示选择信息,并且会同时显示选择的测试方法、参照日期和具体时间,如图 4-51 所示。

第 5 步,清洁布线系统中的待测连接器,然后将跳接线连接至布线系统。DTX 测试仪将显示用于所选测试方法的连接方式,以便进行更精确的测试,如图 4-52 所示。

第 6 步,按下"F2"键(确定),保存所做的设置,即可开始光纤自动测试任务。

设置参照基准并不复杂,但需要注意的是,如果在设置基准后将跳接线从测试仪或智能远端的输出端口断开,则需要再次设置基准以确保有效的测量。

第四章 综合布线系统测试

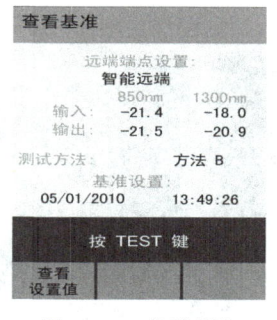

图 4-51 查看基准

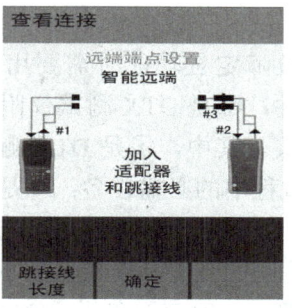

图 4-52 查看连接方式

（3）光纤自动测试

DTX 测试仪的光纤测试模块通过双波长和双向测试使测试速度提高了许多，这两种光纤测试均可在 12s 内完成，是其他同类测试仪器望尘莫及的。

第 1 步，将旋转开关调节至"AUTOTEST"位置，确认介质类型设置为光纤，如果需要切换，按"F1"键（更换介质）即可实现。

第 2 步，按下 DTX 测试仪或智能远端的"TEST"键，即可开始测试，按下"EXIT"键即可取消测试。

第 3 步，测试完成之后即可显示图 4-53 所示的测试结果，该页面中显示的输出光纤的详细测试结果，包括输入光纤和输出光纤的损耗情况及长度。

第 4 步，选择某项摘要信息后按回车键即可进入查看其详细结果的页面，如图 4-54 所示。从图中分析可得本次自动测试过程中的实际损耗状态，以及同预先设定的极限值的比较情况。

第 5 步，最后根据提示信息按"SAVE"键保存测试结果。建议在查看每项测试结果详细信息之前进行保存，以免由于误操作而导致信息丢失。

在光纤自动测试过程中应特别注意，如果选择了双向测试，在测试过程中可能会中途提示切换光纤，即切换适配器的光纤而并非测试仪端口的光纤。

（4）视频故障定位器

DTX 测试仪附带的光缆模块还集成了一个视频故障定位器（VFL），能够帮助用户快速检查光纤连通性、描记光纤曲线图，并找到光纤及连接器沿线上的故障问题，给用户排除故障带来了很大的帮助。视频故障定位器端口可接受带 2.5mm 套圈（SC、ST 或 FC）的连接器。若要连接其他尺寸的套圈，则应在线缆的一端使用适当的转换口，并在测试仪端使用 SC、ST 或 FC 连接器。

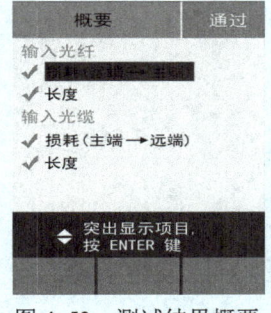

图 4-53 测试结果概要   图 4-54 详细测试结果

● 所需附件

使用视频故障定位功能时需要用到图 4-55 所示的四种附件，都是 DTX 测试仪附带的，用户无需自己购买。其中，①是 DTX 测试仪，是视频故障定位过程中的必需设备；②是带电源线的交流适配器，是可选设备；③是可选的转接跳线，用于匹配待测的光纤及连接器类型，如连接 SC、ST 或 FC 等，一般应用在测试仪端；④是光纤清洁用品，用于清洁被测试的光纤，以免影响测试结果的准确性。

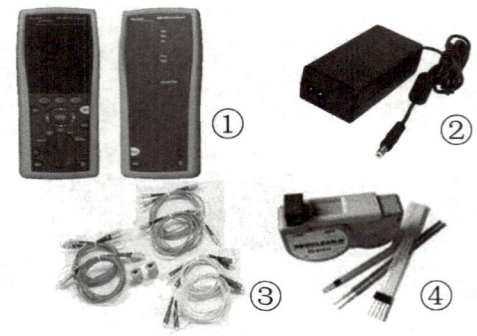

图 4-55　所需附件

● 操作步骤

智能型视频故障定位器采用激光作为光源，有助于查找许多近端光纤故障，并且可以校正光纤的连续性和极性，通常情况下可以按照如下步骤进行操作：

第 1 步，使用光纤清洁用品清洁所用跳接线上的连接器及待测光纤表面，并将光纤连接至测试仪的视频故障定位器端口或以跳接线连接。

第 2 步，按下测试仪顶端靠近视频故障定位器连接器的按钮，启动 VFL，再次按下该按钮可切换至闪烁模式，再次按下将关闭。

第 3 步，观察红色的状态指示灯，找出出现故障的具体位置。

测试完成后，导出测试文档并保存。同时，检查并排除故障链路。

第五章　综合布线系统工程验收

本章要点

- 验收的标准、依据和原则
- 验收的方法和内容
- 验收的基本程序
- 工程交接的具体内容
- 技术资料的要求与样例

本章概述

综合布线系统工程是智能化建筑或智能化小区中的基础设施之一，它的质量优劣，直接影响整个建筑或整个小区通信质量的好坏。工程验收就是一种检验综合布线系统工程质量的重要形式，只有经过严格的验收才能保证综合布线的工程质量，不至于为将来埋下隐患，这是从预防的角度减轻维护网络的工作量。本章首先介绍了工程验收的标准、依据和原则，接着介绍了验收的方法、内容和程序，然后介绍了工程交接的有关概念和要求以及具体的交接内容，最后附上的是一部分实际工程验收项目中的竣工技术资料样表，使读者对综合布线系统工程验收过程有一个清晰的认识，并且在实际工程验收中可以样例作参考进行竣工资料的编写与交接。

5.1　验收的标准和原则

综合布线系统不仅要满足当今数据传输的要求，还要满足未来的应用需求。布线工程中，布线工艺是否规范、采用的元器件的质量与性能是否达到要求、是否有效地防止了电磁干扰在很大程度上影响综合布线的质量，也就决定了未来的带宽是高速还是低速。因此施工完成以后以及网络正式运行过程中必须依据一定的标准与规范来保证网络的正常运行。

5.1.1　设计和施工规范

综合布线系统工程施工中的主要依据和指导性文件较多，主要依据国内外有关标准和规范（包括设计、施工及验收等内容），以及指导性文件或有关文件（包括工程设计文件、施工图纸、承包合同和施工操作规程等）。

我国近几年来组织编制和批准发布了一批有关综合布线系统工程设计施工应遵循的依据和法规，主要有：

1）GB 50311—2007《综合布线系统工程设计规范》，2007年10月1日起实施。
2）GB 50312—2007《综合布线系统工程验收规范》，2007年10月1日起实施。
3）YD 5082—1999《建筑与建筑群综合布线系统工程设计施工图集》，2000年1月1日起实施。
4）YD/T 2008—1993《城市住宅区和办公楼电话通信设施设计标准》，1994年1月1日起实施。
5）YD 5048—1997《城市住宅区和办公楼电话通信设施验收规范》，1997年9月1日起实施。
6）YD 5010—1995《城市居住区建筑电话通信设计安装图集》，1995年7月1日起实施。
7）YD 5062—1998《通信电缆配线管道图集》，1998年9月1日起实施。
8）GB/T 50314—2006《智能建筑设计标准》，2007年7月1日起实施。
9）CECS119：2000《城市住宅建筑综合布线系统工程设计规范》，该标准为推荐性标准，2000年12月1日起施行。

由于综合布线技术日新月异，技术规范内容在不断地进行修订和补充，因此在验收时应注意使用最新版本的技术标准。

5.1.2　验收的依据

综合布线系统工程的验收主要依据中华人民共和国国家标准 GB 50312—2007《综合布线系统工程验收规范》中描述的项目和测试过程进行。但具体的验收实施还应该严格按照下列规定进行：

1）综合布线系统工程应按 YD/T 926.1—2001《大楼通信综合布线系统第1部分：总规范》中规定的链路性能要求进行验收。
2）工程竣工验收项目的内容和方法，应按 GB 50312—2007《综合布线系统工程验收规范》中的规定执行。
3）综合布线系统缆线链路的电气性能验收测试，应按 YD/T 1013—1999《综合布线系统电气特性通用测试方法》中的规定进行。
4）综合布线系统工程的验收除应符合上述规范外，还应符合我国现行的 YD/T 5138—2005《本地通信线路工程验收规范》中相关的规定。

在实际综合布线系统的施工和验收中，如遇到上述各种规范未包括的技术标准和技术要求，为了保证验收的进行，可按其他相关设计规范和设计文件的要求进行。

5.1.3　验收的原则

综合布线系统的工程验收是一项严肃的工作，在整个工程验收过程中，参与单位和人员

第五章　综合布线系统工程验收

都应以严肃认真、慎重负责的态度来对待。为此，要求所有参与工程验收的人员都要有公正、客观的思想和工作作风，并坚持以下原则。

1. 实事求是的原则

工程验收的内容极为广阔，既有技术观点上的争论，也有经费上的计较，有时会涉及经济合同和具体管理的内容，直接影响单位的经济效益，甚至个人利益，产生分歧和争论是难免的。为此，要坚持实事求是的原则，妥善解决工程中的问题。

2. 理论结合实际的原则

在工程验收时，对出现的问题要认真分析找出原因，采取切实有效的办法解决。但必须注意结合国情民意，符合工程实际，真正做到理论联系实际，切忌盲目崇拜、好高骛远，脱离国内现实情况。

3. 局部服从整体的原则

在工程验收时出现分歧或矛盾的现象是难免的，也是正常的，有时某些经济效益会使某一方的利益受损，产生无休止的争论，使验收无法正常进行。因此，要顾全大局，做到求大同存小异，坚持局部服从整体的原则，力求充分协商、通情达理、友好地处理争端，妥善解决问题。

4. 互相配合、友好协作的原则

综合布线系统工程验收的前后，尤其是验收以后需要做的工作不少，有些事情可能追溯到工程前期工作，也有可能涉及今后的维护运行，必然会要求有关单位之间（如建设单位要求施工单位做善后服务等）相互配合。为此，各方都要本着大力协作、互相配合、彼此支持的原则，以综合协调、彼此谅解、互相帮助的精神去处理以往的矛盾和目前遗留的问题。

5.2　验收的方法、内容和过程

5.2.1　验收的方法

工程验收是工程建设程序的一个重要环节，是全面考察、检验和评估工程质量的重要手段。施工单位必须从工程的总体观念出发，对综合布线系统工程中的每个部分，从质量、性能、功能、安全等各方面进行认真细致、全面可靠的自检和互检，并通过监理单位的随工监督和验收，保证良好的工程质量，不留后患，做好工程验收、交接和收尾工作。

验收工作并不是必须在工程结束后才能进行，有些验收内容必须在施工过程中进行，如隐蔽工程、暗敷槽道或管路、穿放或牵引缆线等。所以，不同的工程项目和内容其验收方法也不同，一般有随工验收（又称随工检验）和工程竣工检验（又称工程验收）两种方法。在综合布线系统工程施工过程中，应将检查验收工作贯穿始终，以便及时发现不合格的项目，尽快查明原因，找到解决方法，避免造成严重的损失。因此，综合布线系统工程验收工作应从工程开工之日起直到竣工持续进行，是一个连续积累的工作过程，对每道工序都应随时随地进行检验，最后的工程验收是对已竣工项目可见部分的验收和对以往施工过程中已验收部分的确认。

1. 随工验收

随工验收方法主要适用于综合布线系统工程中具有隐蔽性的工程或施工工序处随时随地需进行检验的项目，以防不合格的施工结果被掩盖，成为隐患。在工程建设过程中采取随工验收时，要求监理单位的随工检验人员认真地做好随工记录，对当时的施工质量状况，应如实记载，以便今后查考。

2. 工程竣工检验

工程竣工检验一般又分两个阶段进行，分别是预先检验（或称预先验收、初步检验）和工程验收（又称正式验收）。预先检验一般是由建设单位或监理单位组织人员到工程现场检查和了解工程实际情况和有关资料，所以有时称为初步检查（或初步检验）。只有预先验收合格，才能组织工程的正式验收。进行预先检验的内容主要是各种竣工资料、图以及随工检验记录单。如检查技术资料所列数据、文字和图表之间有无矛盾或脱节，内容是否完整、与工程实际是否相符；资料的编排是否科学有序，文字和图样是否清楚；资料编号是否符合标准规定和科学合理。预先检验合格后，建设单位（也可委托监理单位）就可邀请设计单位和施工单位一起进行正式验收。

正式验收工作主要有以下几点：

1）检查施工材料是否按方案规定的要求购买。

2）检查各个项目是否符合防火、安全要求。

3）检查设备安装是否规范、是否符合国家标准。如机柜安装的位置是否正确，型号与外观是否符合要求；跳线制作是否规范，配线面板的接线是否美观整洁；各种标志是否齐全。

4）检查双绞线电缆和光缆安装是否规范。主要检查：桥架和线槽安装位置与接地是否正确；线缆规格与标号、路由是否正确；光缆敷设位置与深度是否符合国家标准，是否加了防护铁管，回填土复原是否夯实等。

5）对综合布线系统工程的某些局部段落或关键环节或某些部件进行抽查检测。

6）对于不符合标准要求的部位，应确定采取的补救或完善措施，并限期保质完成。必要时，应提请复验，也可对整个工程的全程再次进行系统试验检查。

在建设单位按项验收完毕，确认工程竣工情况符合工程建设各项标准和合同约定条款规定要求后，应向施工单位签发《工程竣工验收报告》，参与工程竣工验收的单位代表均应在竣工验收报告上签字，加盖各单位的公章。

5.2.2 验收的内容

1. 设备安装情况检查

（1）设备机架检查

1）检查设备机架的规格、外观是否符合要求。

第五章　综合布线系统工程验收

2）检查设备机架是否符合要求。
3）检查设备标牌、标志是否齐全。
4）各种附件是否安装，螺钉连接件等是否牢固、无松动。
5）防震措施是否可靠。
6）防雷、接地是否有效可靠。
（2）信息插座检查
1）检查信息插座的质量、规格、安装位置是否符合要求。
2）各种连接部分是否拧紧。
3）各种标志、标牌是否齐全。
4）屏蔽措施的安装是否符合要求。

2. 光缆、电缆的布放检查

1）电缆桥架及槽道等的安装位置、牢固程度是否符合工艺要求，附件配套是否齐全，接地措施是否齐备良好。
2）各种缆线敷设位置是否正确、敷设操作是否符合工艺要求，缆线的规格、长度是否均符合设计要求。

3. 楼外电缆、光缆的布放检查

1）架空布线检查：电缆、光缆和吊线的规格及质量是否均符合使用要求；各种缆线的引入安装方式是否符合设计要求和标准规定；固定缆线的装置（包括墙壁式敷设）是否均满足要求。
2）管道布线检查：管道管孔位置是否合理；管道缆线规格的质量是否符合设计规定；管道缆线的防护措施是否切实有效。
3）直埋布线检查：直埋缆线的规格、质量是否均符合设计规定；敷设位置、深度和路由是否均符合设计规定；回填土是否夯实、无塌陷。
4）隧道线缆布线检查：隧道管沟的规格、质量是否符合工艺要求；位置、路由的设计与安装是否符合工艺要求。

4. 缆线终端的检查

缆线终端包括通信引出端、配线模块、光纤接插件和各类跳线等。其检查一般采用随工验收方法，主要检查信息插座、配线模块、光纤插座、各类跳线的布放等是否符合工艺要求。

5. 系统测试

1）电气性能测试：主要检查接线图是否正确无误且符合标准规定；布线长度是否满足布线链路性能要求；衰减和近端串扰等性能测试结果是否符合标准规定。
2）光纤特性测试：主要是检验光缆布线链路性能是否符合标准规定，包括多模或单模光纤的类型、规格是否满足设计要求，衰减与长度等测试结果是否符合标准规定。
3）系统接地检验：主要是检验系统接地是否符合设计要求。

不同的工程项目与内容可采用不同的验收方法，对于不同的主体工程，综合布线系统工程验收的项目和内容也有所区别。具体的验收项目和内容见表 5-1。

表 5-1 综合布线系统工程的验收项目及内容

阶　　段	验　收　项　目	验　收　内　容	验　收　方　式	结　　果
一、施工前检查	1. 环境要求	（1）土建施工情况：地面、墙面、门、电源插座及接地装置 （2）土建工艺：机房面积、预留孔洞 （3）施工电源 （4）地板铺设	施工前检查	
	2. 器材检验	（1）外观检查 （2）型号、规格和数量 （3）电缆电气性能测试 （4）光纤特性测试	施工前检查	
	3. 安全、防火要求	（1）消防器材 （2）危险物的堆放 （3）预留孔洞 （4）防火措施	施工前检查	
二、设备安装	1. 电信间、设备间、设备机柜、机架	（1）规格、外观 （2）机架（柜）安装的垂直度和水平度 （3）油漆不得脱落 （4）各种螺钉必须坚固 （5）抗震加固措施 （6）接地措施	随工检验	
	2. 配线部件及8位模块式通用插座	（1）规格、位置、质量 （2）各种螺钉必须拧紧 （3）标志齐全 （4）安装符合工艺要求 （5）屏蔽层可靠连接	随工检验	
三、电缆、光缆布放（楼内）	1. 电缆桥架及线槽布放	（1）安装位置正确 （2）安装符合工艺要求 （3）符合布放缆线工艺要求 （4）接地	随工检验	
	2. 缆线暗敷（包括暗管、线槽、地板等）	（1）缆线的规格、路由、位置 （2）符合布放缆线工艺要求 （3）接地	隐蔽工程签证	

第五章　综合布线系统工程验收

（续）

阶　　段	验收项目	验收内容	验收方式	结　　果
四、电缆、光缆布放（楼间）	1. 架空缆线	（1）吊线规格、架设位置、装设规格 （2）吊线垂直度 （3）缆线规格 （4）卡、挂间隔 （5）缆线的引入符合工艺要求	随工检验	
	2. 管道缆线	（1）使用管孔孔径 （2）缆线规格 （3）缆线走向 （4）缆线的防护设施质量	隐蔽工程签证	
	3. 直埋缆线	（1）缆线规格 （2）敷设位置、埋设深度 （3）缆线的防护设施质量 （4）回填土夯实质量	隐蔽工程签证	
	4. 隧道缆线	（1）缆线规格 （2）安装位置、路由 （3）土建设计符合工艺要求	隐蔽工程签证	
	5. 其他	（1）通信设施与其他设施的间距 （2）进线室的安装及施工质量	随工检验或隐蔽工程签证	
五、缆线终接	1. 8位模块式通用插座	符合工艺要求	随工检验	
	2. 配线部位	符合工艺要求		
	3. 光纤插座	符合工艺要求		
	4. 各类跳线	符合工艺要求		
六、系统测试	1. 电气性能测试	（1）接线图 （2）长度 （3）衰减 （4）近端串扰（两端都应测试） （5）设计中特殊规定的测试内容	竣工检验	
	2. 光纤特性测试	（1）衰减 （2）长度	竣工检验	
七、工程总验收	1. 竣工技术文件	清点、交接技术文件		
	2. 工程验收评价	考核工程质量，确认验收结果	竣工检验	

5.2.3 验收的程序

综合布线系统工程验收可以与主体工程同时进行,也可单独进行,一般包括以下几个阶段。

1. 验收准备

工程验收是建设单位(业主)、施工单位、设计单位和工程监理单位以及有关单位或主管部门都要参与的工作,是竣工验收工作顺利进行的基础和必备的条件。因此,业主、施工单位、设计单位、工程监理及相关单位都应事先做好准备,以利于工程验收顺利进行,其中以施工单位和工程监理单位要做的准备工作最多,具体工作如下:

1)施工单位按承包施工合同的约定,根据工程设计、施工图样的要求,对综合布线系统工程的各项内容均已全部施工完毕,对墙洞、竖井等处进行修补,并进行现场清理,汇总各种剩余材料,把剩余材料集中放置一处妥善保管并清点入账(编制竣工器材明细清单),保持现场清洁、美观,并编写工程验收计划。

2)成立工程验收小组。施工单位应成立综合布线系统工程验收小组,其组成人员一般有工程双方单位的行政负责人、有关直管人员及项目主管、主要工程项目监理人员、建筑设计施工单位的相关技术人员、第三方验收机构或相关技术人员组成的专家组等。

3)汇总和收集工程资料及有关的文件记录,组织编制竣工资料(主要竣工资料见本章第三节)。

2. 进行工程验收,出具《工程竣工验收报告》

完成以上验收准备工作后,建设单位、施工单位、设计单位根据具体的项目要求采用多种验收方法对工程项目进行验收,验收合格后参与验收的各方共同签发《工程竣工验收报告》,然后再办理工程交接。

5.3 工程交接

5.3.1 工程交接的含义

综合布线系统工程的交接是指施工单位将建成的综合布线系统工程移交给建设单位使用,建设单位应按事先在合同中约定的条款进行验收确认,交接双方应共同签字办理移交手续。工程交接有利于分清各方的职、责、利的关系,它表示安装施工阶段的结束、工程投产使用的开始。工程交接后,施工单位应按施工承包合同的规定,尽快撤离工程现场,以免影响工程投产后的正常运行。

5.3.2 工程交接的项目

工程的交接主要有剩余设备和器材的交接,以及工程资料的交接。

1. 剩余设备和器材的交接

要做到规格和数量正确无误,并分门别类、编列号码、列出清单。这部分清点工作结束后,各方负责交接的全权代表应签署工程交接手续的证明文件(包括工程档案和技术资料的

第五章　综合布线系统工程验收

交接），各持一份留存备查。

2. 工程资料的交接

凡是综合布线系统工程建设活动中形成的具有保存价值的各项数据、图样、表格、文字材料、照片、图片、录像带以及其他载体的材料，都是工程资料。为了便于查阅利用，对这些工程资料均应收集整理、分门别类地编制纲目或索引，装订成册，并编造工程资料的移交清单。这样，一方面便于对工程资料进行交接，同时也有利于业主今后查阅和参考。在实际工程中，工程资料和档案的交接工作十分重要。

（1）工程资料交接的作用

工程资料是综合布线系统工程建设项目的永久性技术文件，要加以收集、整理、加工和归档，并在工程交接时，移交建设单位妥善保管，以便备查。其主要作用有以下几点：

1）为综合布线系统工程日后使用、维修、改造和扩建提供具有切实可信的技术数据，有利于综合布线系统升级换代时参考。

2）为工程建设项目的竣工结算提供有效证据，减少不必要的争论和经济纠纷的发生。

3）有利于督促施工人员按照规范和规程操作，同时也是考核、提高施工管理水平和工作技能的一种措施。

4）便于系统地积累施工技术和工程经济的资料和数据，作为今后施工的参考；同时，有利于工程技术人员了解和熟悉专业技术，为生产或技术上的决策、指挥和施工提供参考。

（2）对工程资料的要求

工程资料包含工程档案和技术资料，是国家或企业技术档案的一个组成部分，在收集、整理、加工和编制过程中都必须按照《中华人民共和国档案法》、《科学技术档案工作条例》和《基本建设项目档案管理暂行规定》等文件的要求，其主要要求有：

● 书写材料的要求

应采用耐久性强的书写材料，如碳素墨水、蓝黑墨水，不得使用容易褪色的书写材料，如红色墨水、纯蓝墨水、圆珠笔、复写纸等。要求文件中的字迹清楚、字体工整、图样清晰、图表整洁。

● 纸张的要求

应采用能长期保存的韧力大、耐久性强的纸张。图样一般采用蓝晒图，竣工图应是新蓝图。计算机出图必须清晰，不得利用计算机出图的复印件。所有竣工图应加盖竣工图章。竣工图的幅面应统一折叠成A4幅面。档案应分卷装订，每卷厚度一般不得超过2cm，卷内目录书写工整，移交文件的总目录要求打印，封面、封底应按规定统一制作。档案装订要用棉线。所有工程资料内的金属物都应清除干净，以免日久产生锈污纸张之弊。对于其他工程技术资料，如工程照（图）片及与工程有关的录像、录音等制品，应进行整理归类，编制交接清单，在交接时，一并移交给建设单位，以利于将来维修和管理。

（3）工程竣工交接的主要工程资料

需交接的工程资料主要有：

1）竣工图。竣工图可以使用在施工中更改后的施工设计图，如改动过多，应重新做竣工施工图样。

2）安装工程量、工程说明、设备和器材明细表、工程变更、检查记录等，如施工组织设计方案报审表，工程开工报审表，工程进度计划报审表，材料（构配件）、设备进场使用报验单，工序质量报验单。

3）各种设备或缆线等的测试记录，如综合布线系统安装分部工程质量验收记录表（Ⅰ）综合布线系统安装分部工程质量验收记录表（Ⅱ）。

4）随工验收记录和隐蔽工程签证，如电导管内穿线隐蔽验收记录、电缆桥架安装和桥架内电缆敷设分项工程质量验收记录。

5）工程竣工通知书、竣工验收报告、工程竣工验收证明等文件。

5.3.3 部分工程竣工资料样表（见表 5-2 ～表 5-11）

表 5-2 施工组织设计方案报审表

工程名称：　　　　　　　　　　　　　　　　　　编号：

致：_____（监理单位）
  □ 1 单位工程施工组织设计。
  □ 2_____分部（子分部）/ 分工程施工方案。
  □ 3_____特殊工程专项施工方案。
  □ 4 施工用大型施工设备。
  □ 5
本次报验内容系第_____次申报，申报内容项目经理部 / 公司技术负责人已批准。
附件：
  施工组织设计 / 方案

　　　　　　　　　　　　　　　　　　　承包单位项目经理部（章）：_____
　　　　　　　　　　　　　　　　　　　项目经理：_____ 日期：_____

项目监理机构签收人姓名及时间		承包单位签收人姓名及时间	

专业监理工程师审核意见：

　　　　　　　　　　　　　　　　　　　专业监理工程师：_____ 日期：_____

总监理工程师审核意见：

　　　　　　　　　　　　　　　　　　　项目监理机构（章）：_____
　　　　　　　　　　　　　　　　　　　总监理工程师：_____ 日期：_____

注：承包单位项目经理应提前 7 日提出本报审表。

第五章 综合布线系统工程验收

表5-3 工程开工报审表

工程名称：　　　　　　　　　　　　　　　　　　　　　　　编号：

致：_____（监理单位）

　　我单位承担的_____的准备工作已完成，并报验通过下列内容：

　　□ 工程施工组织设计

　　□ 工程用材料和设计

　　□ 施工用大型设备

　　□ 首道工序的分项施工方案

　　□ 施工测量

　　申请于　　　年　　月　　日开工，请核准。

　　附件：

　　　　1. 项目经理部到岗人员情况一览表及有关证件。

　　　　2. 进场材料、设备名称、数量、规格、性能一览表。

　　　　3. 工长与特殊工种的姓名、职称、上岗证一览表及有关证件。

　　　　4. 施工合同对以上3条内容的对应要求。

承包单位项目经理部（章）：_____

项目经理：_____日期：_____

项目监理机构签收人姓名及时间		承包单位签收人姓名及时间	

专业监理工程师审核意见：

专业监理工程师：_____日期：_____

监理审核意见：

　　□ 同意　　　　□ 不同意

项目监理机构（章）：_____

专业监理工程师：_____ 总监理工程师：_____ 日期：_____

注：1. 承包单位项目经理应提前48小时提出本报审表。
　　2. 建设单位应已取得建设行政部门核发的建筑工程施工许可证。

表 5-4 工程进度计划报审表

工程名称：_____　　　　编号：_____

致：_____（监理单位）

　　兹报验　　年　月　日至　　年　月　日的：

　　□1 工程总进度计划

　　□2 工程月进度计划

附件：

1. 上期进度计划完成情况及分析。
2. 本期进度计划的示意图、说明书。
3. 本期进度计划完成分部/分项工程工程量。
4. 本期进度期间投入的人员、材料（包括甲供材）、设备计划。

承包单位项目经理部（章）：_____

项目经理：_____　日期：_____

项目监理机构签收人姓名及时间		承包单位签收人姓名及时间	

监理审核意见：

项目监理机构（章）：_____

专业监理工程师：_____　总监理工程师：_____　日期：_____

注：承包单位项目经理部应提前 5 日提出月进度计划报审表，一般为每月 25 日申报。

第五章　综合布线系统工程验收

表 5-5　材料（构配件）、设备进场使用报验单

工程名称：　　　　　　　　　　　　　　　　　编号：

致：_____（监理单位）

　　兹报验：

　　□ 1 材料进场使用。

　　□ 2 构配件进场使用。

　　□ 3 工程设备进场使用／开箱检查。

　　□ 4

　　名称：_____

　　采购单位：_____

　　拟用单位：_____

附件：（共____页）

　　□ 清单（名称、产地、规格、数量等）、样品。

　　□ 出厂合格证、质保书、准用证。

　　□ 检测报告、复试报告。

　　□ 其他有关文件。

本次报验内容系第_____次报验，届时本项目经理部已完成自检工作且资料完整，并呈报相应资料。

承包单位项目经理部（章）：_____

项目经理：_____时间：_____

项目监理机构签收人姓名及时间		承包单位签收人姓名及时间	
监理审查意见： 　　□ 同意　　□ 不同意 项目监理机构（章）：_____ 专业监理工程师：_____时间：_____			

注：1. 承包单位项目经理部应提前提出本报验单，需复试合格才能使用的，应在复试合格后签批。

　　2. 大型设备开箱检查设计单位代表应参加。

表 5-6 工序质量报验单

工程名称：＿＿＿＿＿＿＿＿＿＿＿＿＿＿＿＿＿　　　编号：＿＿＿＿＿＿

致：＿＿＿＿＿＿＿＿＿＿＿＿（监理单位） 兹报验： 　　□ 1 地基与基础　　□ 2 主体结构　　□ 3 建筑装饰装修 　　□ 4 建筑屋面　　　□ 5 建筑给水、排水及采暖 　　□ 6 建筑电气　　　□ 7 智能建筑　　□ 8 通风与空调 　　□ 9 电梯 子分部 / 分项 / 检验批名称：＿＿＿＿＿＿＿＿＿部位：＿＿＿＿＿＿＿ 验收时间：＿＿＿＿＿＿＿＿＿＿＿＿＿＿＿＿＿ 本次报验内容系第＿＿＿＿次报验，本项目经理部已完成自检工作且资料完整，并呈报相应资料。 　　　　　　　　　　　　　　　　　　　　　　承包单位项目经理部（章）：＿＿＿＿＿＿ 　　　　　　　　　　　　　　　　　　　　　　项目经理：＿＿＿＿＿＿　日期：＿＿＿＿＿＿	
项目监理机构签收人姓名及时间	承包单位签收人姓名及时间

监理抽查数据及情况记录：

1. 收到施工相应自评检查资料和验收记录表共＿＿＿页，收到时间：＿＿＿＿＿＿

2.

　　　　　　　　　　　　　　　　　　　　　　　　　　检查人：＿＿＿＿＿＿＿日期：＿＿＿＿＿＿

监理审查意见：

　　□ 可进行后续施工。

　　□ 核验未通过，不得进入下道工序施工，整改后再报。

　　　　　　　　　　　　　　　　　　　　　　　　　项目监理机构（章）：＿＿＿＿＿＿＿
　　　　　　　　　　　　　　　　　　　　　　　　　专业监理工程师：＿＿＿＿＿＿　日期：＿＿＿＿＿

注：1. 未经项目监理机构验收通过，不得进入下道工序施工。
　　2. 承包单位项目经理部应提前提出本报验单，并给予配合。

第五章 综合布线系统工程验收

表 5-7 电导管内穿线隐蔽验收记录

工程名称		建设单位	
分项工程		施工单位	
系统		施工图编号	
工程部位	导线型号及规格	隐蔽数量	隐蔽内容

隐蔽检查状况：

验收意见： 电气监理工程师： （建设单位项目负责人） 　　年　月　日	检查结果： 施工技术负责人：　　质检员： 　　年　月　日

表 5-8 电缆桥架安装和桥架内电缆敷设分项工程质量验收记录

工程名称		结构类型		检验批数	
施工单位		项目经理		技术负责人	
分包单位		分包单位负责人		分包项目经理	
序号	检验批部位、区段		施工单位评定结果		监理（建设）单位验收结论
1					
2					
3					
4					
5					
6					
7					
8					
9					
10					
11					
12					
13					
14					
15					

（续）

检查结论	项目专业技术负责人：　　　　　　年　月　日	验收结论	专业监理工程师： （建设单位项目专业技术负责人）　　　　年　月　日

表 5-9　综合布线系统安装分部工程质量验收记录表（Ⅰ）

编号：

单位（子单位工程名称）		子分部工程	
分部工程名称		验 收 部 位	
施 工 单 位		项 目 经 理	
施工执行标准名称及编号			
分 包 单 位		分包项目经理	

	检测项目（一般项目）		检查评定记录	备　　注
1	缆线的弯曲半径			执行　中第　条规定
2	预埋线槽的暗管的线缆敷设			执行　中第　条规定
3	电源线、综合布线系统缆线应分隔布放			执行　中第　条规定
4	光、电缆暗管敷设及其他管线最小净距			执行　中第　条规定
5	双绞线电缆端接			执行　中第　条规定
6	光纤连接损耗值			执行　中第　条规定
7	架空、管道、直埋电、光缆敷设			执行　中第　条规定
8	机柜、机架、配线架的安装	符合规定		执行　中第　条规定
		色标一致		执行　中第　条规定
		色谱组合		执行　中第　条规定
		线序及排列		执行　中第　条规定
9	信息插座的安装	安装位置		执行　中第　条规定
		防水防尘		执行　中第　条规定

检测意见：

监理工程师：
（建设单位项目专业技术负责人）

日期：　　　年　月　日　　　　　　检测机构负责人签字：

日期：　　　年　月　日

第五章 综合布线系统工程验收

表 5-10 综合布线系统安装分部工程质量验收记录表（Ⅱ）

编号：

单位（子单位工程名称）		子分部工程	
分部工程名称		验收部位	
施工单位		项目经理	
施工执行标准名称及编号			
分包单位		分包项目经理	
	检测项目（一般项目）	检查评定记录	备 注
1	缆线终接		执行 中第 条规定
2	各类跳线的终接		执行 中第 条规定
3	机柜、机架、配线架的安装 — 符合规定 / 设备底座 / 预留空间 / 紧固状况 / 距地面距离 / 与桥架线槽连接 / 接线端子标志		执行 中第 条规定
4	信息插座的安装		执行 中第 条规定
5	光缆、线芯终端的安装连接标志		执行 中第 条规定

检测意见：

监理工程师：　　　　　　　检测机构负责人签字：

（建设单位项目专业技术负责人）

日期：　　年　月　日　　　　日期：　　年　月　日

表 5-11 竣工验收报告

验收日期：　　年　　月　　日

工程名称			
施工单位名称			
工程地点			
施工日期		竣工日期	

验收评定意见：

验收人员（代表）签字：

建设单位：	监理单位：	施工单位：
（盖章） 年　月　日	（盖章） 年　月　日	（盖章） 年　月　日

第六章　综合布线系统设计案例

本章要点

- 系统图设计
- 平面施工图设计
- 信息点数量统计表
- 机柜设备安装及打线图设计
- 设备清单及预算
- 信息面板及配线架标签制作
- 信息点端口对应表设计

本章概述

本章通过一个实际工程项目的完整设计，展示完整的项目设计过程与技术要求。通过设计施工说明、系统图设计、平面施工图设计、信息点数量统计表、机柜设备安装及打线图设计、设备清单及预算、信息面板及配线架标签制作、信息点端口对应表，制定施工进度表，完善施工现场管理，最后编写竣工验收资料。

6.1　项目介绍

常州社保综合楼位于江苏省常州市延陵中心城区，主体建筑为地下一层地上四层，建筑总高度16.5m，建筑总面积4500m^2。大楼内将安装程控电话交换设备、数据传输、图像通信、电视电话会议等通信设备。其综合布线系统设计要求：每位员工的工位处需设置双孔信息盒一个，安装超五类信息模块两个，数据与语音不区分，其余场所信息点布置依据GB 50311—2007《综合布线系统工程设计规范》确定。在二层、三层、四层分别设置管理间，管理间设置在弱电井内。一层不再设置管理间，而是将现场信息点的线缆直接敷设至一层设备间，设备间位于一层的中心机房内。管理间信息点的线缆端接在24口模块式配线架上，配线系统采用互相连接方式实现。管理间与设备间数据通信采用6芯单模光纤实现，语音通信采用五类25对大对数电缆实现。设计及施工内容包括：

1）设计施工说明。
2）系统图设计。
3）平面施工图设计。
4）信息点数量统计表。
5）机柜设备安装及打线图设计。
6）设备清单及预算。

7）信息面板及配线架标签制作。
8）信息点端口对应表。
9）施工进度表。
10）施工现场管理。
11）竣工验收资料。

6.2 设计施工说明

一项工程完成设计方案的认证及招标后，进入项目实施阶段，首先要拟写一份设计施工说明。在设计施工说明中主要包括设计施工依据，综合布线系统各子系统所使用的材料、布线路由、安装方式，图例说明等。设计施工说明语言要简洁明了，尽可能使用行业术语。设计施工说明如图6-1所示。

6.3 系统图设计

综合布线系统的系统图主要描述整幢大楼布线系统的结构，通过阅读系统图可以知道每层楼有多少根网线进入管理间子系统，这样在施工时可以检查该层网线的总数，确定该层网线是否漏放；可以确定管理间设置在何处，在管理间应安装多少个配线架；可以清楚地知道垂直子系统传输介质的选用情况及敷设情况；可以确定设备间设置在何处，在设备间应安装多少个配线架。

系统图可以使用 Visio 软件或 CAD 软件绘制。系统图要准确地表达工作区子系统双孔信息点数量及单孔信息点数量，并标注线缆数量；管理间子系统要标注管理间编号及配线架数量；垂直子系统线缆及光纤标注要正确、合理；设备间要标注配线架数量；图例、说明要合理正确。系统图如图6-2所示。

6.4 平面施工图设计

综合布线系统的平面施工图是水平布线子系统实施的主要依据，也是综合布线系统中最核心、工作量最大的部分。其中，最关键的是要根据用户的需求、建筑物的功能及将来可能出现的信息点扩充的预测，准确地布置信息点的安装位置并确定其安装方式。在综合布线系统的平面施工图中应明确地标注出管道的类型、网线敷设的数量及敷设的方式。

在制作平面施工图时，应在平面施工图上对每一个信息点进行编号。例如信息点编号201-01，201表示二层的第一个房间或区域，01表示第一个信息点。信息点编号的位数一定要相等。关于编号的组成，有些人建议要加上第几栋楼、第几号房间、第几号机柜、第几号配线架和第几号端口，虽然这样感觉定位很准确，但过于复杂，会出现认读困难，而且这样的编号也不易在平面施工图上表示，在配线架上实际做标志时也会很困难。为了准确表达信息点端接位置，在实际工程中一般采用机柜打线图来表示。

信息点的编号代表着一条信息路径的编号，贯穿在水平布线系统的始终，包括信息面板、信息插座的线头、对应的配线架上的线头、配线架上的信息模块、配线架面板上的端口，都需要将这个信息点的编号标识上去。

综合布线系统的平面施工图的要求是信息点布点、编号合理，管道设计合理，要标注敷设方式，管理间及设备间位置合理，图例说明清楚。

1层、2层、3层、4层平面施工图分别如图6-3、图6-4、图6-5、图6-6所示。

第六章 综合布线系统设计案例

设计施工说明

一、设计施工依据:
1. GB50311-2007《综合布线系统工程设计规范》。
2. GB50312-2007《综合布线系统工程验收规范》。

二、工作区子系统设计施工要求:
1. 工作区子系统

信息盒安装采用墙装插座信息盒或地插信息盒两种方式。墙装信息盒底边沿墙距地面30cm,在信息盒20cm处应安装电源插座(电源插座由强电施工单位负责安装到位)。信息点全部采用超五类信息模块。

2. 水平子系统

水平子系统全部采用超五类非屏蔽双绞线。布线路由从信息点经管道,进入管理间弱电井,桥架(桥架与其他弱电系统共用),进入各楼层管理间配线架。管道敷设方式详见平面施工图。在信息点处预留0.2m。

3. 管理间子系统

管理间设在各层弱井内,其中1层不再设管理间,现场管线缆直接敷设至1层的中心机房设备间内的配线架。在管理间内安装设1只37U网络机柜,每只机柜内安装12口光纤配线架、24口模块式配线架、110配线架和网络交换机。24口光纤配线架与交换机采用互相连接方式实现,机柜应作良好的接地。

4. 垂直子系统

垂直子系统采用6芯单模光纤传输数据,五类25对大对数电缆传输语音。弱电井内安装100×80金属桥架,且每隔2m罩一根粗钢筋,用于固定和安装垂直线缆。弱电井内的桥架与各层的桥架连通。

5. 设备间子系统

设备间子系统设于本大楼的1层中心机房内,面积约为27m²,安装1只42U机柜,机柜内安装24口光纤配线架、24口模块配线架、110配线架和网络交换机。
设备间应有5kW三相电源,机柜应采用单独接地,接地电阻小于4Ω。

6. 本大楼共设信息点223个。

图例:

2TO	双孔信息点	● ●	地插双孔信息点
TO	单孔信息点	●	地插单孔信息点
FD	楼层配线架	∞	墙装双孔信息点
BD	建筑物配线架	○	墙装单孔信息点
MR	金属桥架	WC	沿墙暗敷
CLC	柱内暗敷	■	100×80桥架
2U、4U、6U 分别表示SC16、SC25、SC32钢管2根、4根、6根非屏蔽双绞线。			
SWITCH	网络交换机		
LGX	光缆总配线架		
LIU	光缆分配线架		
SCE	光连接器		
F	吊平顶内敷设		
	地板下敷设		

建设单位	常州市恒达网络系统工程有限公司	图别	弱电
设计	商彪	工程名称	常州社保综合布线工程	图号	电-1
绘图	邹志伟	审核		比例	
校对	钱华	图纸名称	设计施工说明	日期	2010.03.10

图6-1 设计施工说明

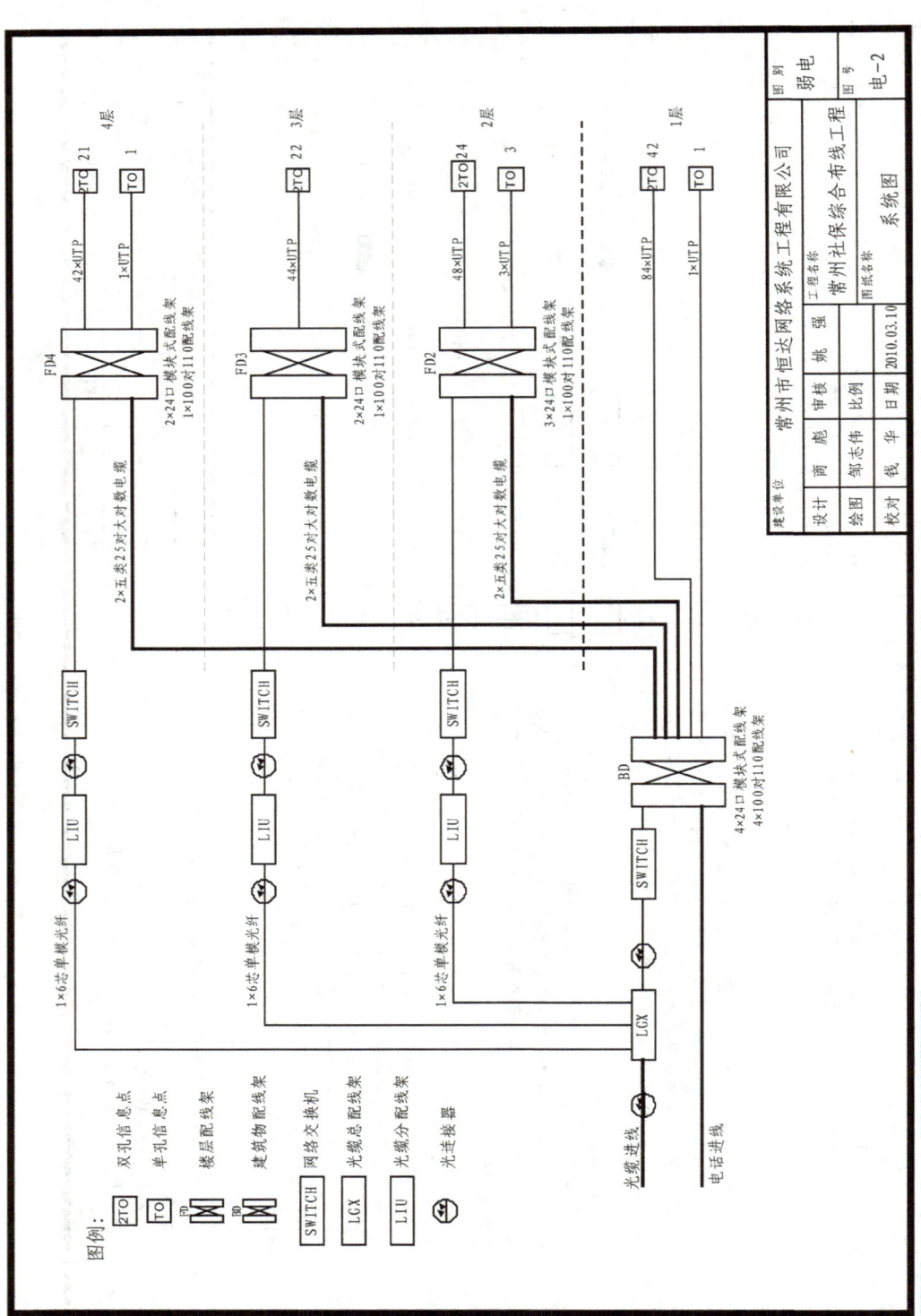

图6-2 系统图

第六章 综合布线系统设计案例

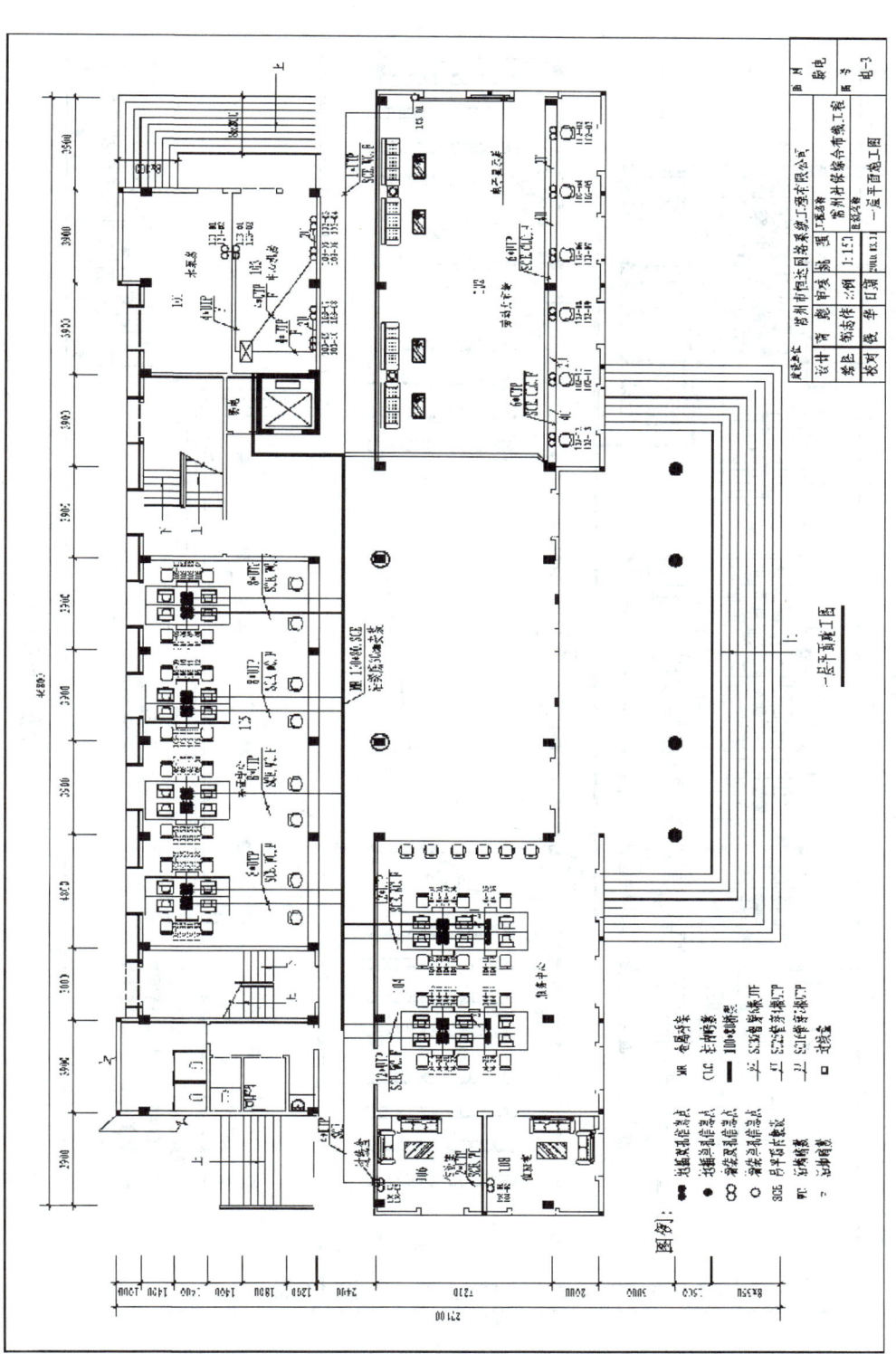

图 6-3 1层平面施工图

网络综合布线系统设计与实训

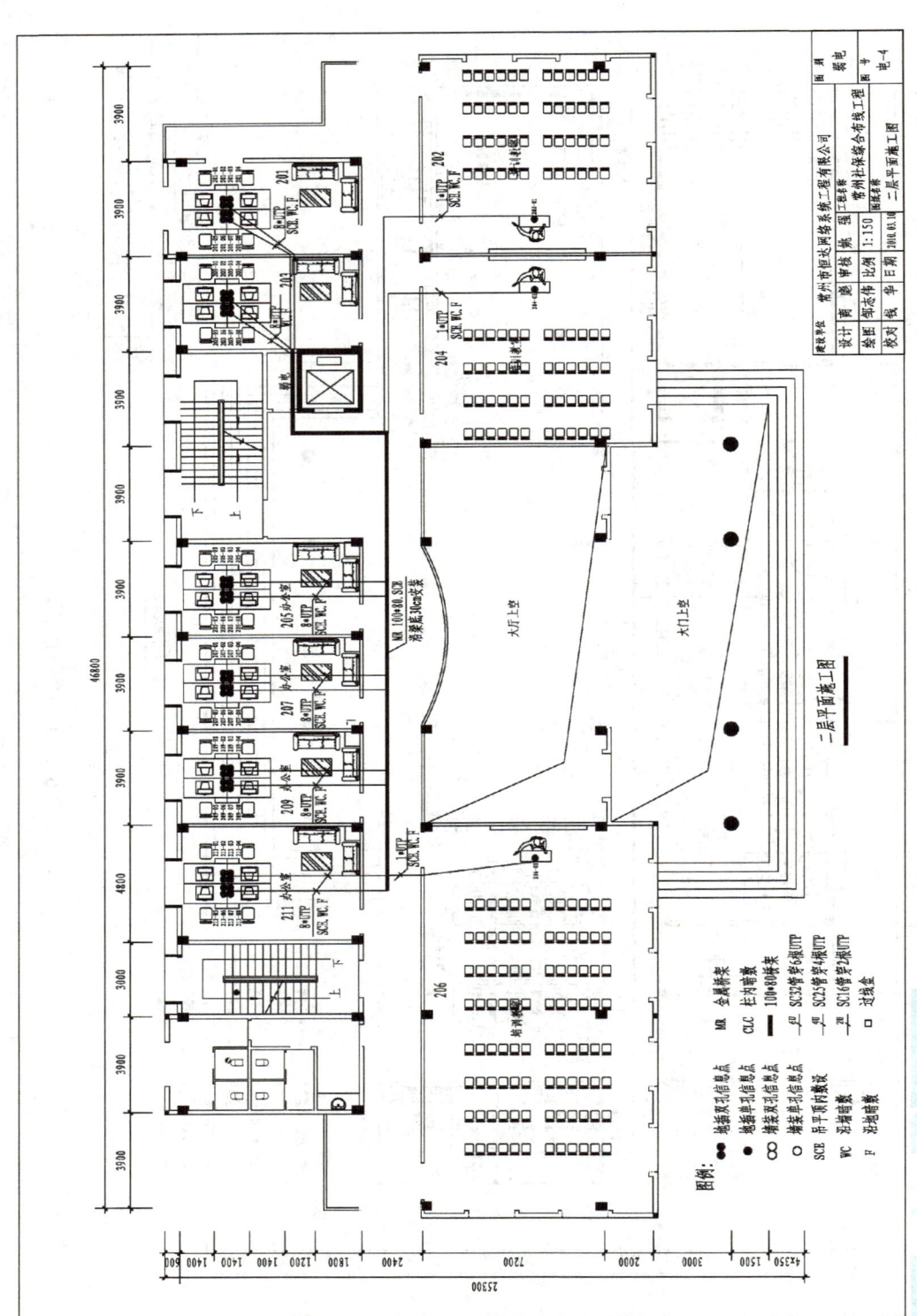

图 6-4　2 层平面施工图

142

第六章 综合布线系统设计案例

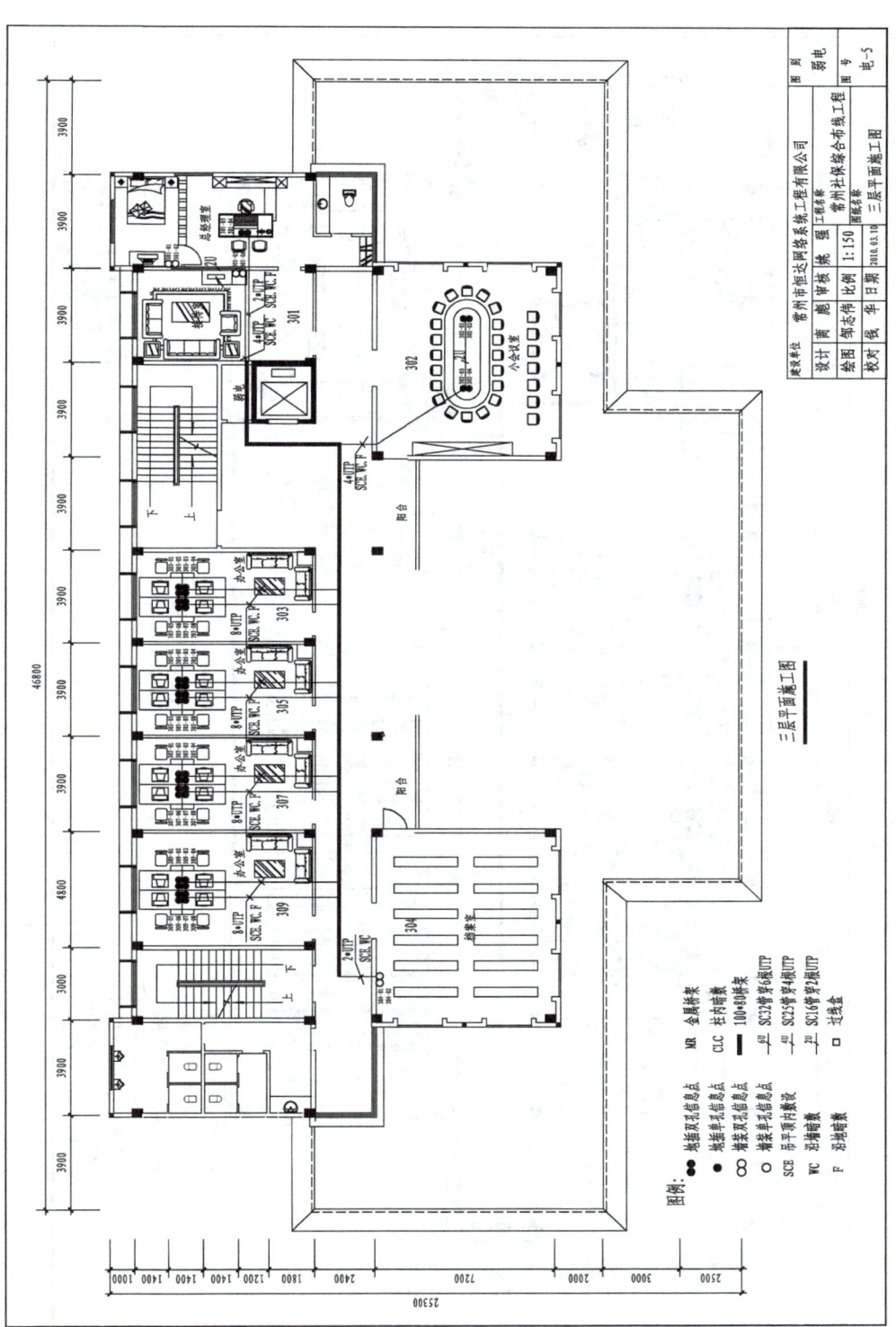

图 6-5 3 层平面施工图

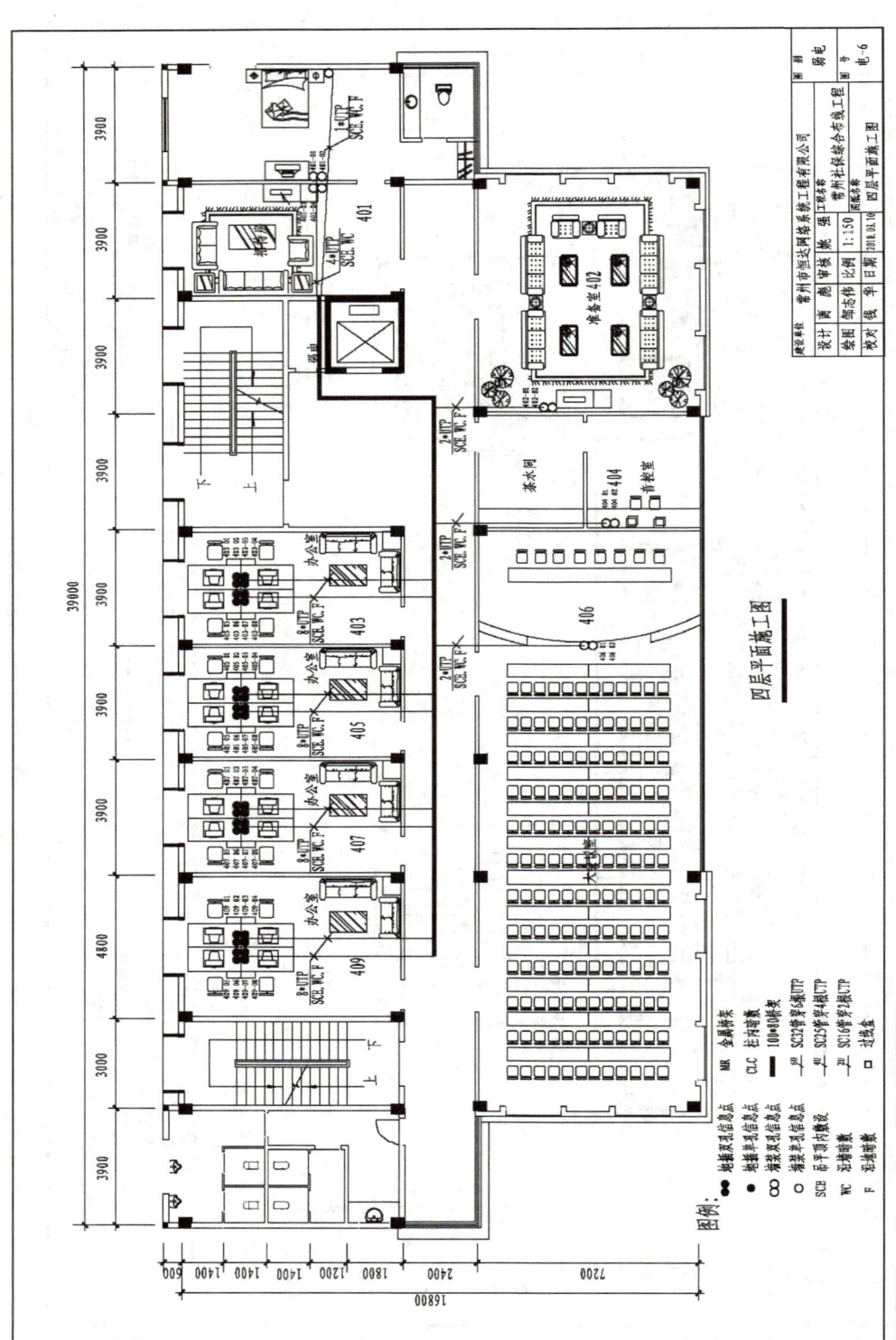

图 6-6 4层平面施工图

6.5 信息点数量统计表

信息点数量统计表是设计和统计信息点数量的基本工具和手段。在需求分析和技术交流的基础上，首先确定每个房间或区域的信息点位置和数量，然后制作和填写信息点数量统计表。信息点数量统计表的制作方法是先按照楼层，然后按照房间或区域逐层逐房间地规划和设计信息点数，再把每个房间规划的信息点数量填写到统计表对应的位置。每层填写完毕，就能够统计出该层的信息点数量，全部楼层填写完毕，就能统计出该建筑物的信息点数量。信息点数量统计表能够清楚地表示和统计出建筑物的信息点数量。信息点数量统计表见表 6-1。

表 6-1　信息点数量统计表

楼层编号	房间编号											信息点数量合计
	X01	X02	X03	X04	X05	X06	X07	X08	X09	X10	X11	
	信息点	信息点	信息点	信息点	信息点	信息点	信息点	信息点	信息点	信息点	信息点	
4层	5	2	8	2	8	2	8		8			43
3层	6	4	8		8	2	8		8			44
2层	8	1	8	1	8	1	8		8		8	51
1层	2	13	10	24	32		2	2				85
合计	21	20	34	29	56	5	24	2	24		8	223

注：X 表示楼层编号，例如 3 层 X02 表示 302 房间。

6.6 机柜设备安装及打线图

当完成综合布线系统的线缆敷设后，就进入到了综合布线系统线缆端接施工阶段。其中，管理间及设备间设备安装及线缆端接任务最重，管理间及设备间设备安装及线缆端接也最能体现一个工程队的施工水平，施工人员需按设计图纸进行施工。因此，机柜设备安装及打线图是整个综合布线系统工程必须详细设计的图纸之一。首先，根据平面施工图上信息点数量及管理间、设备间配线系统采用的连接方式，计算出需要安装的配线架数量及交换机数量，确定机柜的规格；其次，在充分考虑到设备的安装位置、散热及将来维修所需的空间等因素后，设计出机柜设备安装图；最后，根据水平子系统所布信息点的编号，设计信息点打线位置（即打线图）。这样施工人员就可以按图施工了。下面详细介绍第二层管理间机柜设备安装及打线图的设计过程。

第一步：确定配线架数量。

根据二层的平面施工图，在二层共布信息点 51 个，信息点是用作数据通信还是语音通信是通过管理间跳线来完成的，这也正是综合布线系统的内在含义。因此，51 个信息点均需端接在 24 口模块式配线架上，需 24 口模块式配线架 3 个。如果将来该 51 个信息点全部用作数据通信，那么将来需配置 3 个交换机。如果将来该 51 个信息点用作语音通信，这样 2 层至 1 层中心机房应敷设两根 25 对大对数电缆作为语音通信的垂直系统，因此需配置 1 个 110 配线架。6 芯单模光纤作为数据通信的垂直系统，因此需配置 1 个 12 口光缆配线架。

第二步：初步设计机柜设备安装图。

在机柜内设备安装区域划分为交换机及光缆配线架部分、24 口模块式配线架部分、语音通信 110 配线架部分三大块，这样便于管理。

对于交换机及光缆配线架部分，一般综合布线系统的施工与网络设备的安装是不同的施工单位完成的，当综合布线系统线路端接完成后，再进行网络设备安装。因此，交换机及光缆配线架部分的设备应安装在机柜的上部，并作空间预留。在设备的上下方均需安装理线环，方便跳线。因此，该部分需要 9U 的设备安装高度。

24 口模块式配线架部分共有 3 个 24 口模块式配线架，配线架上下方均需安装理线环。因此，该部分需要 7U 的设备安装高度。

语音通信 110 配线架部分共有 1 个 110 配线架，配线架上下方均需安装理线环。因此，该部分需要 3U 的设备安装高度。

因此设备安装高度共需要 19U，考虑到各部分的散热空间 6U，再考虑到安装、维修人员施工的方便，即人蹲下需操作的高度 6～9U，故总计机柜高度约为 35U。

第三步：确定机柜高度及设备安装图。

采用 35U 机柜用于安装网络设备、配线设备。详细安装位置如图 6-7 所示。

三层、四层、BD 机柜设备安装及打线图分别如图 6-8、图 6-9、图 6-10 所示。

6.7 设备清单及预算

综合布线系统设备清单及预算是综合布线系统设计环节中重要的部分，它对综合布线系统项目工程的造价估算和投标估价及后期的工程决算都有很大的影响。

综合布线系统预算一般有两种计算方法，一种是根据国家定额计算，另一种是 IT 行业普遍采用的百分比计算。由于弱电工程项目竞争激烈，采用国家定额计算，工程总造价会偏高，综合布线系统预算一般采用百分比计算。

第六章 综合布线系统设计案例

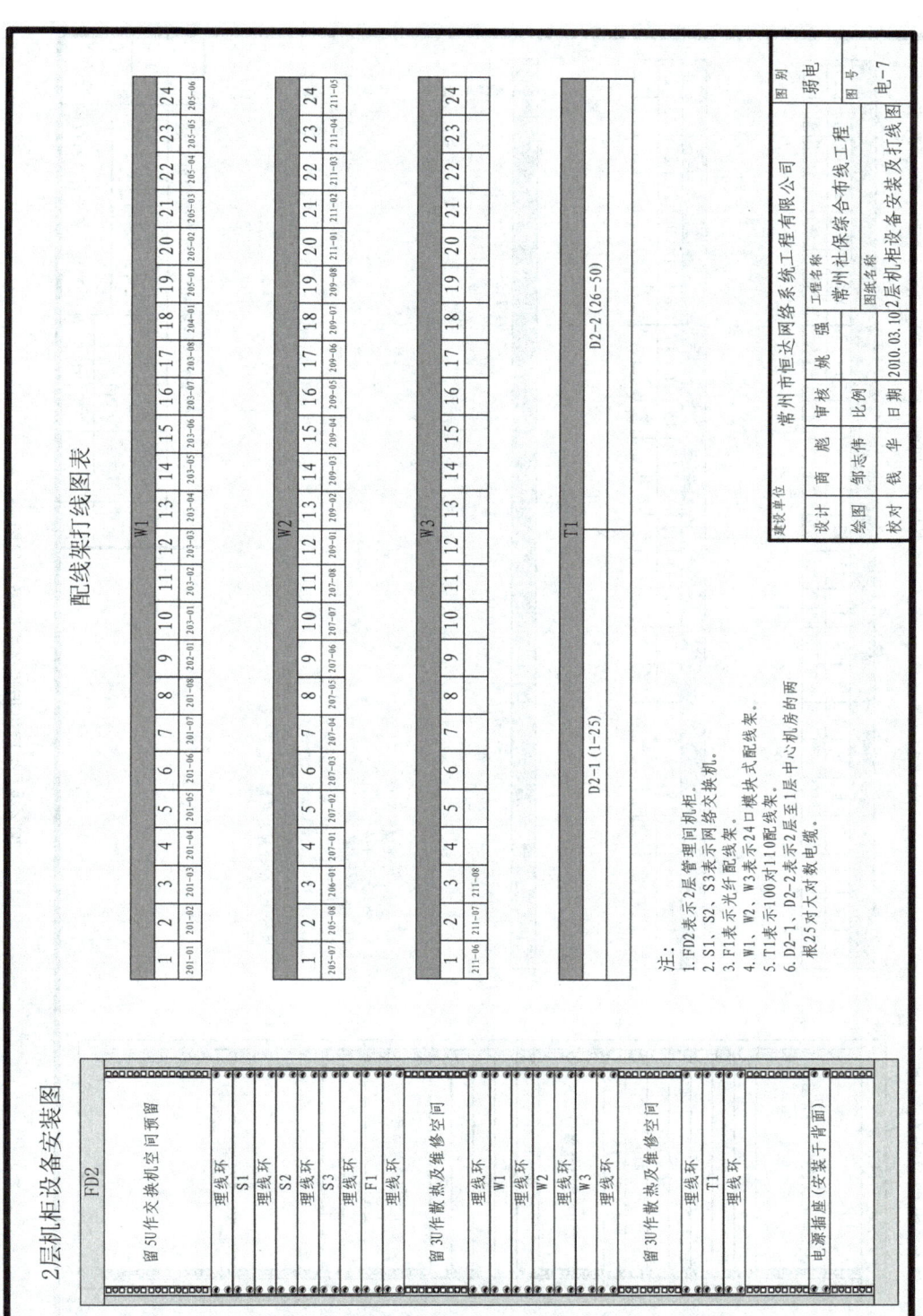

图 6-7 2层机柜设备安装及打线图

配线架打线图表

W1

1	2	3	4	5	6	7	8	9	10	11	12	13	14	15	16	17	18	19	20	21	22	23	24
301-01	301-02	301-03	301-04	301-05	301-06	301-07	302-01	302-02	302-03	302-04	303-01	303-02	303-03	303-04	303-05	303-06	303-07	303-08	304-01	304-02	305-01	305-02	305-03	305-04

W2

1	2	3	4	5	6	7	8	9	10	11	12	13	14	15	16	17	18	19	20	21	22	23	24
305-05	305-06	305-07	305-08	307-01	307-02	307-03	307-04	307-05	307-06	307-07	307-08	309-01	309-02	309-03	309-04	309-05	309-06	309-07	309-08				

T1

D3-1 (1~25)	D3-2 (26~50)

注：
1. FD3 表示 3 层管理间机柜。
2. S1、S2 表示网络交换机。
3. F1 表示光纤配线架。
4. W1、W2 表示 24 口模块式配线架。
5. T1 表示 100 对 110 配线架。
6. D3-1、D3-2 表示 3 层至 1 层中心机房的两根 25 对大对数电缆。

3 层机柜设备安装图

- FD3
- 留 5U 作交换机空间预留
- 理线环
- S1
- 理线环
- S2
- 理线环
- F1
- 理线环
- 留 3U 作散热及维修空间
- 理线环
- W1
- 理线环
- W2
- 理线环
- 留 3U 作散热及维修空间
- 理线环
- T1
- 理线环
- 电源插座（安装于背面）

建设单位		常州市恒达网络系统工程有限公司			
设计	商 彪	工程名称	常州社保综合布线工程	图别	弱电
绘图	邹志伟	图纸名称	3层机柜设备安装及打线图	图号	电-8
校对	钱 华	比例			
审核	姚 强	日期	2010.03.10		

图 6-8　3 层机柜设备安装及打线图

第六章 综合布线系统设计案例

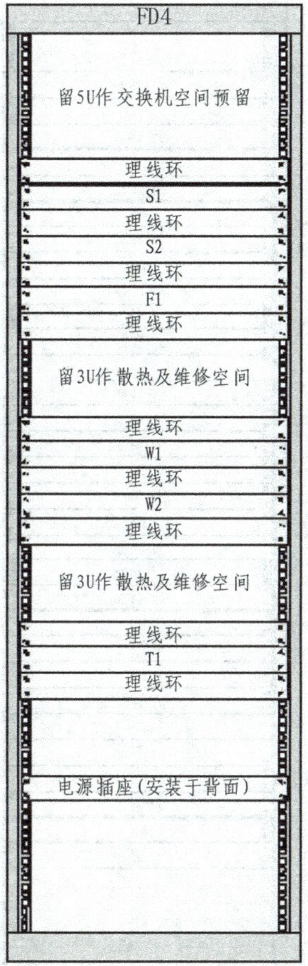

配线架打线图表

W1

1	2	3	4	5	6	7	8	9	10	11	12	13	14	15	16	17	18	19	20	21	22	23	24
401-01	401-02	401-03	401-04	401-05	402-01	402-02	402-03	402-04	402-05	403-01	403-02	403-03	403-04	403-05	404-01	404-02	404-03	404-04	404-05	405-01	405-02	405-03	405-04

(续)

1	2	3	4	5	6	7	8
405-05	405-06	405-07	405-08				

W2

1	2	3	4	5	6	7	8	9	10	11	12	13	14	15	16	17	18	19	20	21	22	23	24
406-01	406-02	406-03	406-04	406-05	407-01	407-02	407-03	407-04	407-05	407-06	407-07	407-08	409-01	409-02	409-03	409-04	409-05	409-06	409-07	409-08			

T1

D4-1 (1-25)	D4-2 (26-50)

注：
1. FD4 表示 4 层管理间机柜。
2. S1、S2 表示网络交换机。
3. F1 表示光纤配线架。
4. W1、W2 表示 24 口模块式配线架。
5. T1 表示 100 对 110 配线架。
6. D4-1、D4-2 表示 4 层至 1 层中心机房的两根 25 对大对数电缆。

4层机柜设备安装图

FD4
留5U作交换机空间预留
理线环
S1
S2
F1
理线环
留3U作散热及维修空间
理线环
W1
W2
理线环
留3U作散热及维修空间
理线环
T1
理线环
电源插座（安装于背面）

建设单位	常州市恒达网络系统工程有限公司	图别	弱电
设计	商虎	工程名称	常州社保综合布线工程
绘图	邹志伟	图纸名称	4层机柜设备安装及打线图
校对	钱华	图号	电-9
审核	姚强	比例	
		日期	2010.03.10

图 6-9 4 层机柜设备安装及打线图

BD机柜设备安装图

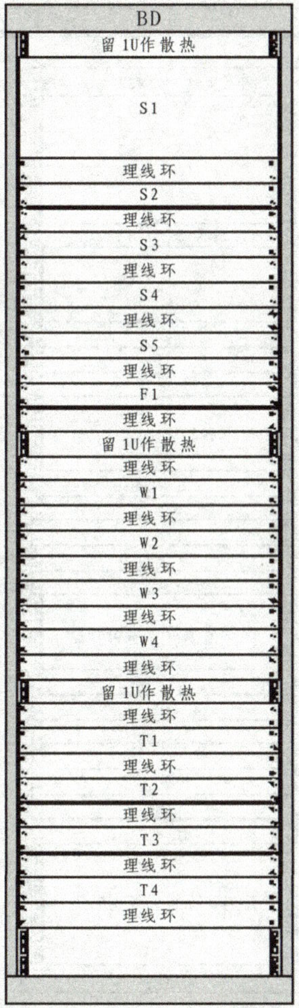
BD
留 1U作散热
S1
理线环
S2
理线环
S3
理线环
S4
理线环
S5
理线环
F1
理线环
留 1U作散热
理线环
W1
理线环
W2
理线环
W3
理线环
W4
理线环
留 1U作散热
理线环
T1
理线环
T2
理线环
T3
理线环
T4
理线环

配线架打线图表

配线架	1	2	3	4	5	6	7	8	9	10	11	12
W1	101-01	101-02	102-01	102-02	102-03	102-04	102-05	102-06	102-07	102-08	102-09	102-10
W2	103-10	104-01	104-02	104-03	104-04	104-05	104-06	104-07	104-08	104-09	104-10	104-11
W3	104-24	105-01	105-02	105-03	105-04	105-05	105-06	105-07	105-08	105-09	105-10	105-11
W4	105-24	105-25	105-26	105-27	105-28	105-29	105-30	105-31	105-32	106-01	106-02	108-01

配线架	13	14	15	16	17	18	19	20	21	22	23	24
W1	102-11	102-12	102-13	103-01	103-02	103-03	103-04	103-05	103-06	103-07	103-08	103-09
W2	104-12	104-13	104-14	104-15	104-16	104-17	104-18	104-19	104-20	104-21	104-22	104-23
W3	105-12	105-13	105-14	105-15	105-16	105-17	105-18	105-19	105-20	105-21	105-22	105-23
W4	108-02											

配线架		
T1	D2-1(1-25)	D2-2(26-50)
	D2-3(51-75)	D3-1(76-100)
T2	D3-2(1-25)	D4-1(26-50)
	D4-2(51-75)	
T3	YD(1-25)	YD(26-50)
	YD(51-75)	YD(76-100)
T4	YD(101-125)	YD(126-150)
	YD(151-175)	YD(176-200)

注：

1. BD表示1层中心机房设备间机柜。
2. S1表示核心交换机；S2、S3、S4、S5表示网络交换机。
3. F1表示光纤总配线架。
4. W1、W2、W3、W4表示24口模块式配线架。
5. T1、T2、T3、T4表示100对110配线架。
6. D2-1、D2-2、D2-3、D3-1、D3-2、D4-1、D4-2表示2层、3层、4层管理间的7根25对大对数电缆。
7. YD表示电信局200对电话进线打至T3、T4配线架上。

建设单位	常州市恒达网络系统工程有限公司					图别 弱电
设计	商 彪	审核	姚 强	工程名称	常州社保综合布线工程	
绘图	邹志伟	比例				图号 电-10
校对	钱 华	日期	2010.03.10	图纸名称	BD机柜设备安装及打线图	

图 6-10 BD 机柜设备安装及打线图

第六章 综合布线系统设计案例

综合布线工程包括管道敷设及器材安装调试两部分，由于管道敷设及器材安装调试涉及的施工工期、安装难度、使用人员的工种等均不一样，所以预算时计算的百分率也不一样。

本项目中，管材清单详见表 6-2，器材清单详见表 6-3。综合布线工程预算、管材预算、器材预算分别详见表 6-4、表 6-5 和表 6-6。

表 6-2 管材清单

序号	材料名称	材料规格/型号	数量	单位	用途简述
1	钢管	SC φ16	150	m	布线
2	钢管	SC φ25	500	m	布线
3	钢管	SC φ32	100	m	布线
4	金属桥架	100×80	140	m	布线
5	吊筋、膨胀螺钉等辅材	所需规格	1	批	管道、桥架的安装固定

表 6-3 器材清单

序号	材料名称	材料规格/型号	数量	单位	用途简述
一、工作区子系统					
1	双孔信息墙装面板	86 型防尘	22	个	安装信息模块
2	单孔信息墙装面板	86 型防尘	2	个	安装信息模块
3	双孔信息地插面板	全铜弹式	87	个	安装信息模块
4	单孔信息地插面板	全铜弹式	3	个	安装信息模块
5	信息模块	超五类	223	个	网络插口
二、水平子系统					
1	网线	超五类	26	箱	传输数据
三、管理间子系统					
1	光纤配线架	19 英寸 12 口	3	只	光纤配线
2	模块式配线架	19 英寸 24 口	7	个	数据配线
3	110 配线架	19 英寸 100 对	3	个	语音配线
4	理线环	1U	29	个	理跳线
5	光纤尾线	ST	18	根	光纤熔接
6	网络机柜	35U	3	只	安装配线架等设备
四、垂直子系统					
1	多模光纤	6 芯	100	m	传输数据
2	五类大对数电缆	25 对	150	m	传输语音
五、设备间子系统					
1	光纤配线架	19 英寸 24 口	1	只	光纤配线
2	模块式配线架	19 英寸 24 口	4	个	数据配线
3	110 配线架	19 英寸 100 对	4	个	语音配线
4	光纤尾线	ST	24	根	光纤熔接

(续)

序号	材料名称	材料规格/型号	数量	单位	用途简述
五、设备间子系统					
5	理线环	1U	16	个	理跳线
6	网络机柜	42U	1	只	安装配线架等设备
7	水晶头	RJ-45	1000	个	网络接头
六、辅材					
1	扎带	大、中、小	3	袋	固定线
2	钢丝	1.0mm	10	kg	辅助穿线
3	包布	绝缘	10	卷	穿钢丝时包接头
4	记号笔	油性	10	支	作标记
5	标签	塑封	10	袋	作标记
6	标牌	橡胶	1000	片	作标记
7	螺钉	所需规格	5	kg	固定设备

注：网络设备不含在本器材清单内。

表 6-4　常州社保综合布线工程预算

项目名称	费用/元
综合布线管材及施工费	19909
综合布线器材及施工费	71722
总计	91631

表 6-5　管材预算

序号	材料名称	材料规格/型号	数量	单位	单价/元	小计/元
1	钢管	SCϕ16	150	m	3	450
2	钢管	SCϕ25	500	m	5	2500
3	钢管	SCϕ32	100	m	8	800
4	金属桥架	100×80	140	m	50	7000
5	吊筋、膨胀螺钉等辅材	所需规格	1	批	2000	2000
A	合计					12750
B	管材施工费：A×40%					5100
C	测试费：A×5%					638
D	文档费：A×3%					383
E	设计费：A×3%					383
F	税金：(A+B+C+D+E)×3.41%					657
	总计：A+B+C+D+E+F					19911

第六章 综合布线系统设计案例

表 6-6 器材预算

序号	材料名称	材料规格/型号	数量	单位	单价/元	小计/元
1	双孔信息墙装面板	86型防尘	22	个	10	220
2	单孔信息墙装面板	86型防尘	2	个	10	20
3	双孔信息地插面板	全铜弹式	87	个	55	4785
4	单孔信息地插面板	全铜弹式	3	个	45	135
5	信息模块	超五类	223	个	18	4014
6	网线	超五类	26	箱	650	16900
7	光纤配线架	19英寸12口	3	只	600	1800
8	光纤配线架	19英寸24口	1	只	800	800
9	模块式配线架	19英寸24口	11	个	680	7480
10	110配线架	19英寸100对	7	个	240	1680
11	理线环	1U	45	个	60	2700
12	光纤尾线	ST	42	根	30	1260
13	网络机柜	35U	3	只	1200	3600
14	网络机柜	42U	1	只	1800	1800
15	多模光纤	6芯	100	m	5	500
16	五类大对数电缆	25对	150	m	15	2250
17	水晶头	RJ-45	1000	个	2	2000
18	辅材	标签、号码管等	1	批	1000	1000
A	合计					52944
B	布线施工费：A×20%					10589
C	测试费：A×5%					2647
D	文档费：A×3%					1588
E	设计费：A×3%					1588
F	税金：（A+B+C+D+E）×3.41%					2365
	总计：A+B+C+D+E+F					71721

注：网络设备不含在本器材清单内，布线器材可选用 AVAYA 或 TCL 产品。

6.8 标签设计与制作

在综合布线系统中线路繁多且复杂，为了方便使用与维护，提高其管理水平和工作效率，减少网络配置时间，必须专门设计及制作标签。下面以二层机柜设备安装及打线图为例，具体介绍标签设计与制作。

1. 电缆标签

（1）水平子系统网线标签设计与制作

1）网线标签格式的定义：

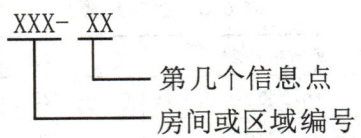

线缆标签的符号位数一定要相等,例如,信息点 201-01 不要标记成 201-1,因为在整个项目中很有可能出现某一房间或区域信息点的数量超过了 10。

2)网线标签制作:采用管套标签,套在水平子系统网络两端,如图 6-11 所示。

图 6-11 网线标签样图

(2)垂直子系统大对数电缆标签设计与制作

1)大对数电缆标签格式的定义:

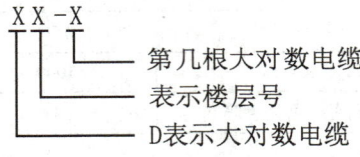

例如,标牌 D2-1,表示 2 层至一层中心机房大对数电缆的第一根。

2)大对数电缆标签制作:采用乙烯标签,通过扎带固定在大对数电缆两端,如图 6-12 所示。

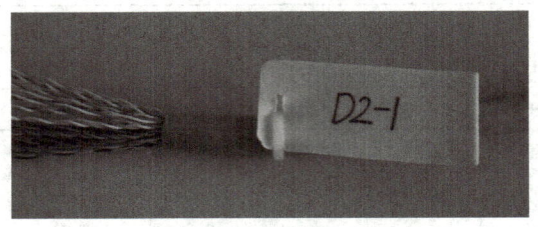

图 6-12 大对数电缆标签样图

(3)垂直子系统 6 芯单模光纤标签设计与制作

1)6 芯单模光纤标签格式的定义:

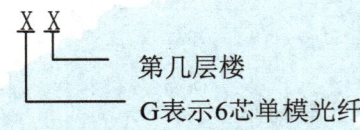

例如标签 G2,表示 2 层至一层中心机房的 6 芯单模光纤。

第六章　综合布线系统设计案例

2）6芯单模光纤标签制作：采用乙烯标签，通过扎带固定在6芯单模光纤两端，如图6-13所示。

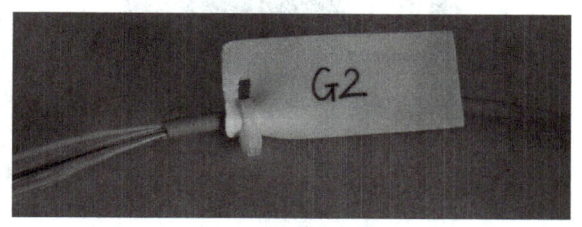

图6-13　6芯多模光纤标签样图

从上述标签格式的定义中可以看出，格式定义是根据项目设计的具体情况确定的，格式应简洁明了，且标签在整个工程中应是唯一的。

2. 场标签

场标签又称为区域标签，一般用于设备间、配线间和二级交接间的管理器件之上，以区别管理器件连接线缆的区域范围。它也是由背面为不干胶的材料制成的，可贴在设备醒目的平整表面上。

（1）工作区子系统信息面板场标签设计与制作

1）信息面板场标签格式的定义：

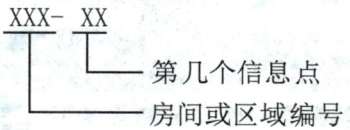

工作区子系统信息面板场标签与对应的网线标签应一致。

2）信息面板场标签制作：采用覆盖保护膜标签，粘贴在信息面板对应信息口下方或上方平整处，如图6-14所示。

图6-14　信息面板场标签样图

（2）管理间子系统设备场标签设计与制作

1）设备场标签格式定义：FD2表示2层管理间机柜，S1、S2、S3表示交换机编号，F1表示光纤配线架编号，W1、W2、W3表示模块式配线架编号，T1表示110配线架编号。

2）设备场标签制作：采用覆盖保护膜标签，粘贴在对应设备平整处，如图6-15所示。

图 6-15 设备场标签样图

3. 插入标签

插入标签一般在管理器件上,如模块式配线架、110 配线架等。插入标签是硬纸片,可以插在透明塑料夹里,这些塑料夹可安装在两个 110 接线块之间。

(1) 模块式配线架插入标签设计与制作

1) 插入标签格式定义:模块式配线架插入标签依据二层机柜设备安装及打线图的打线顺序确定标签内容。W1 插入标签的内容为

W1																							
1	2	3	4	5	6	7	8	9	10	11	12	13	14	15	16	17	18	19	20	21	22	23	24
201-01	201-02	201-03	201-04	201-05	201-06	201-07	201-08	202-01	203-01	203-02	203-03	203-04	203-05	203-06	203-07	203-08	204-01	205-01	205-02	205-03	205-04	205-05	205-06

2) 插入标签制作:采用硬纸片打印,插在模块式配线架对应的 RJ-45 口上,然后用透明塑料片夹住,如图 6-16 所示。

图 6-16 模块式配线架插入标签样图

(2) 110 配线架插入标签设计与制作

1) 插入标签格式定义:110 配线架插入标签依据二层机柜设备安装及打线图的打线顺序确定标签内容。T1 插入标签的内容为

T1	
D2-1(1-25)	D2-2(26-50)

2) 插入标签制作:采用硬纸片打印,插在透明塑料夹里,塑料夹安装在两个 110 接线块之间,如图 6-17 所示。

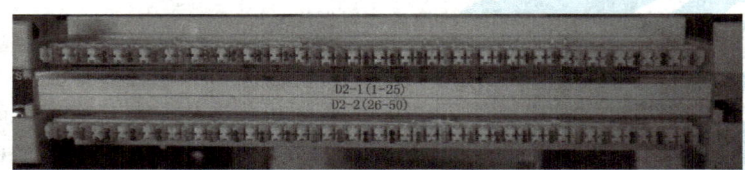

图 6-17 110 配线架插入标签样图

第六章　综合布线系统设计案例

6.9　信息点端口对应表

信息点端口对应表是一张动态表，是由用户进行网络、语音配线完成后生成的一张路由表，方便将来进行线路维护。其具体表示：在平面施工图上信息点编号的网线被引至哪个机柜内，被端接在哪个配线架上及配线架的哪一个端口上，该端口通过跳线接至交换机的哪个端口或通过跳线接至110配线架的哪对线上。

施工单位一般只完成综合布线的永久链路部分，每个信息点的用途是用户根据实际需要，在管理间用跳线进行改变，由于更改工作是经常发生的，就用信息点端口对应表来进行管理。有些大型工程，信息点数量十分庞大，管理起来比较复杂，就将信息点端口对应表设计成软件，将实际变更的数据输入软件环境，通过数据库的关联，方便地查询线路的路由。

现以三层平面施工图上布置的信息点为例，编写信息点端口对应表。假设双口信息点一个作为数据通信，一个作为语音通信，其信息点端口对应表见表6-7。

表6-7　3层信息点端口对应表

序号	信息点	FD3 管理间			BD 设备间	
		进模块式配线架端口	跳至交换机端口	跳至110配线架线对	进110配线架线对	跳至电话进线线对
1	301-01	FD3-W1-01	FD3-S1-01			
2	301-02	FD3-W1-02		FD3-T1（01-02）	BD-T1（67-68）	BD-T3（67-68）
3	301-03	FD3-W1-03	FD3-S1-02			
4	301-04	FD3-W1-04		FD3-T1（03-04）	BD-T1（69-70）	BD-T3（69-70）
5	301-05	FD3-W1-05	FD3-S1-03			
6	301-06	FD3-W1-06		FD3-T1（05-06）	BD-T1（71-72）	BD-T3（71-72）
7	302-01	FD3-W1-07	FD3-S1-04			
8	302-02	FD3-W1-08		FD3-T1（07-08）	BD-T1（73-74）	BD-T3（73-74）
9	302-03	FD3-W1-09	FD3-S1-05			
10	302-04	FD3-W1-10		FD3-T1（09-10）	BD-T1（75-76）	BD-T3（75-76）
11	303-01	FD3-W1-11	FD3-S1-06			
12	303-02	FD3-W1-12		FD3-T1（11-12）	BD-T1（77-78）	BD-T3（77-78）
13	303-03	FD3-W1-13	FD3-S1-07			
14	303-04	FD3-W1-14		FD3-T1（13-14）	BD-T1（79-80）	BD-T3（79-80）
15	303-05	FD3-W1-15	FD3-S1-08			
16	303-06	FD3-W1-16		FD3-T1（15-16）	BD-T1（81-82）	BD-T3（81-82）
17	303-07	FD3-W1-17	FD3-S1-09			
18	303-08	FD3-W1-18		FD3-T1（17-18）	BD-T1（83-84）	BD-T3（83-84）
19	304-01	FD3-W1-19	FD3-S1-10			
20	304-02	FD3-W1-20		FD3-T1（19-20）	BD-T1（85-86）	BD-T3（85-86）
21	305-01	FD3-W1-21	FD3-S1-11			

（续）

序号	信息点	FD3 管理间			BD 设备间	
		进模块式配线架端口	跳至交换机端口	跳至110配线架线对	进110配线架线对	跳至电话进线线对
22	305-02	FD3-W1-22		FD3-T1（21-22）	BD-T1（87-88）	BD-T3(87-88)
23	305-03	FD3-W1-23	FD3-S1-12			
24	305-04	FD3-W1-24		FD3-T1（23-24）	BD-T1（89-90）	BD-T3（89-90）
25	305-05	FD3-W2-01	FD3-S1-13			
26	305-06	FD3-W2-02		FD3-T1（25-26）	BD-T1（91-92）	BD-T3（91-92）
27	305-07	FD3-W2-03	FD3-S1-14			
28	305-08	FD3-W2-04		FD3-T1（27-28）	BD-T1（93-94）	BD-T3（93-94）
29	307-01	FD3-W2-05	FD3-S1-15			
30	307-02	FD3-W2-06		FD3-T1（29-30）	BD-T1（95-96）	BD-T3（95-96）
31	307-03	FD3-W2-07	FD3-S1-16			
32	307-04	FD3-W2-08		FD3-T1（31-32）	BD-T1（97-98）	BD-T3（97-98）
33	307-05	FD3-W2-09	FD3-S1-17			
34	307-06	FD3-W2-10		FD3-T1（33-34）	BD-T1（99-100）	BD-T3（99-100）
35	307-07	FD3-W2-11	FD3-S1-18			
36	307-08	FD3-W2-12		FD3-T1（35-36）	BD-T2（01-02）	BD-T4（01-02）
37	309-01	FD3-W2-13	FD3-S1-19			
38	309-02	FD3-W2-14		FD3-T1（37-38）	BD-T2（03-04）	BD-T4（03-04）
39	309-03	FD3-W2-15	FD3-S1-20			
40	309-04	FD3-W2-16		FD3-T1（39-40）	BD-T2（05-06）	BD-T4（05-06）
41	309-05	FD3-W2-17	FD3-S1-21			
42	309-06	FD3-W2-18		FD3-T1（41-42）	BD-T2（07-08）	BD-T4（07-08）
43	309-07	FD3-W2-19	FD3-S1-22			
44	309-08	FD3-W2-20		FD3-T1（43-44）	BD-T2（09-10）	BD-T4（09-10）

说明：1. FD3-W2-18 表示 FD3 机柜的 W2 模块式配线架的 18 号端口。

2. FD3-S1-18 表示 FD3 机柜的 S1 网络交换机的 18 号端口。

3. BD-T4（07-08）表示 BD 机柜的 T4 配线架的 07～08 线对。

6.10 施工进度表

施工进度表的编制应覆盖从方案设计、工程实施前的准备、工程实施、各子系统调试、总体调试、系统试运行和验收结束的整个工程阶段。

1. 计划的制订

以施工工程为基础制订施工进度表，估算出工程量、实物量及工日数，控制施工周期，确保按期竣工交付使用。

第六章　综合布线系统设计案例

在总进度计划指导下，编制季、月、周施工进度计划，由专业施工技术人员负责向施工基层班组交底和组织实施。

每周召开由专业施工技术人员和各施工班组负责人参加的进度协调会，及时检查、协调各子系统工程进度及解决工序交接的有关问题。公司定期召开有关部门会议，协调各部门之间有关工程实施的配合问题。

项目经理按时参加用户方召开的生产协调会议，及时处理与有关施工单位之间的施工配合问题，及时反映施工中存在的问题，以确保整个工程顺利和同步进行。

工程计划一般用 Visio 软件制定，左半边是任务列表，右半边是用横条表示的相应任务的进行时间，任务之间的依赖关系用横条来表示。

2. 施工进度表安排

一般来说，布线工程计划分为 3 个阶段，分别是第 1 阶段的"项目设计阶段"、第 2 阶段的"工程实施阶段"和第 3 阶段的"项目验收和文档归总阶段"。

施工进度表如图 6-18 所示。

6.11　施工现场管理

综合布线是一项专业系统工程，在系统规划设计、施工、验收和工程行业监管方式上都应采用项目管理的方式。在工程中，除了要控制整个施工过程，确保每一道工序井井有条，工序与工序之间协调配合外，还要密切掌握每天的工程进度和质量，发现问题及时纠正。综合布线系统工程的全过程都必须按照规范化的项目管理和质量管理方法，确保工程质量，圆满地实现系统的建设目标。

综合布线系统工程安装施工，须按照 GB 50311—2007《综合布线系统工程设计规范》、GB 50312—2007《综合布线系统工程验收规范》中的有关规定进行安装施工。

安装施工的基本要求如下：

1）施工现场要有技术人员监督、指导。为了确保传输线路的工作质量，在施工现场要有参与该项工程方案设计的技术人员进行监督、指导。

2）标志一定要清晰、有序。清晰、有序的标志会给下一步设备的安装、调试工作带来便利，以确保后续工作的正常进行。

3）对于已敷设完毕的线路，必须进行测试检查。线路的畅通、无误是综合布线系统正常可靠运行的基础和保证，测试检查是线路敷设工作中不可缺少的一项工作。要测试线路的标记是否准确无误，检查线路的敷设是否与图纸所标的一致等。

4）须敷设一些备用线。备用线的敷设是必要的，因为在敷设线路的过程中，由于种种原因难免会使个别线路出问题，备用线的作用就在于它可及时、有效地代替这些出问题的线路。

5）高低压线须分开敷设。为保证信号、图像的正常传输和设备的安全，要完全避免电涌干扰，要做到高低压线路分管敷设，高压线须使用铁管。高低压线应避免平行走向，如果由于现场条件只能平行，其间隔应按相关规定执行。

施工人员管理图及施工质量管理图如图 6-19、图 6-20 所示。

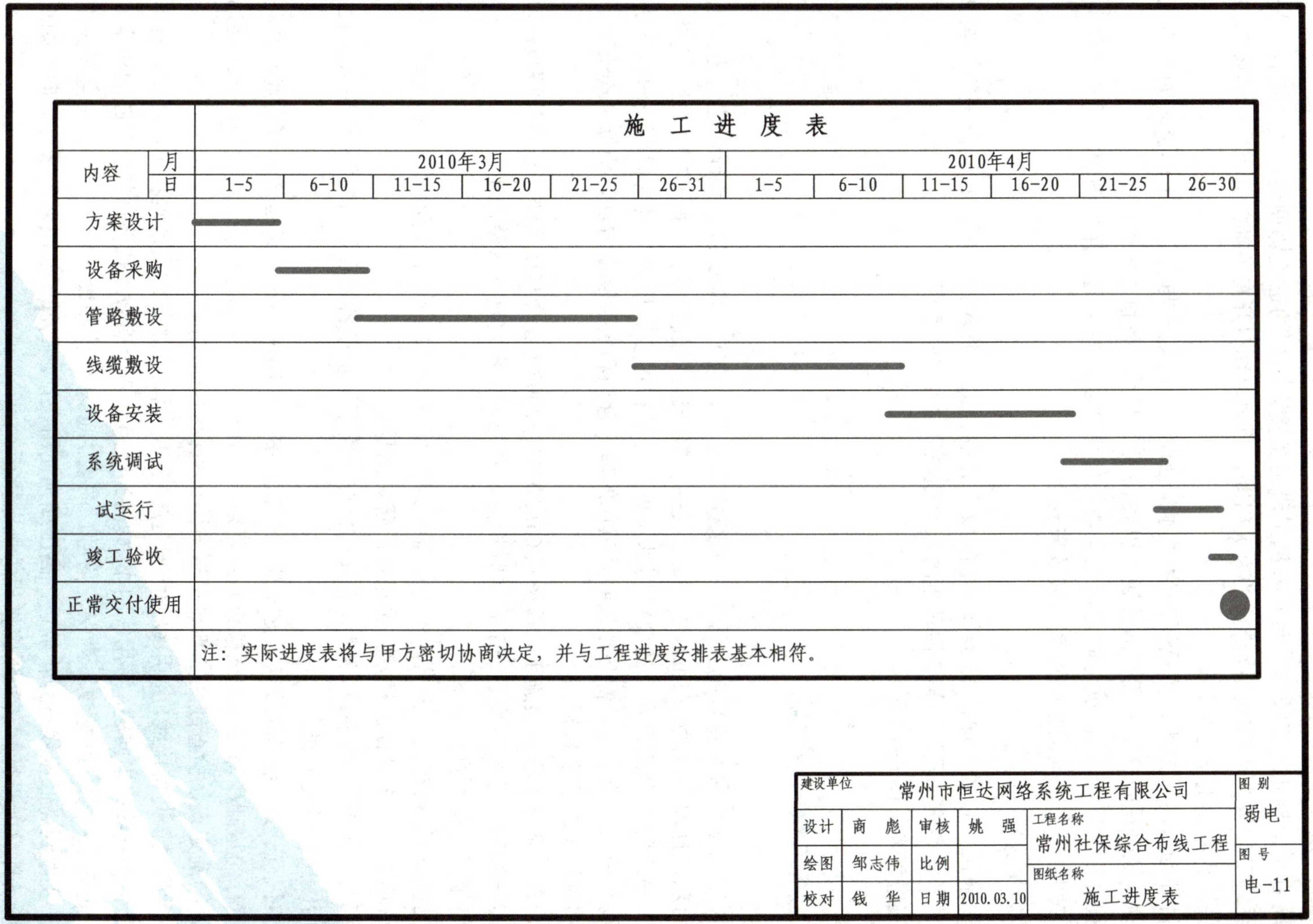

施 工 进 度 表

内容 \ 月日	2010年3月							2010年4月					
	1-5	6-10	11-15	16-20	21-25	26-31	1-5	6-10	11-15	16-20	21-25	26-30
方案设计	■											
设备采购		■	■									
管路敷设			■	■	■							
线缆敷设					■	■						
设备安装							■	■				
系统调试									■			
试运行										■		
竣工验收											■	
正常交付使用												●

注：实际进度表格与甲方密切协商决定，并与工程进度安排表基本相符。

建设单位	常州市恒达网络系统工程有限公司	图别	弱电
工程名称	常州社保综合布线工程	图号	电-11
图纸名称	施工进度表		
设计	南彪	审核	姚强
绘图	邹志伟	比例	
校对	钱华	日期	2010.03.10

图 6-18 施工进度表

第六章　综合布线系统设计案例

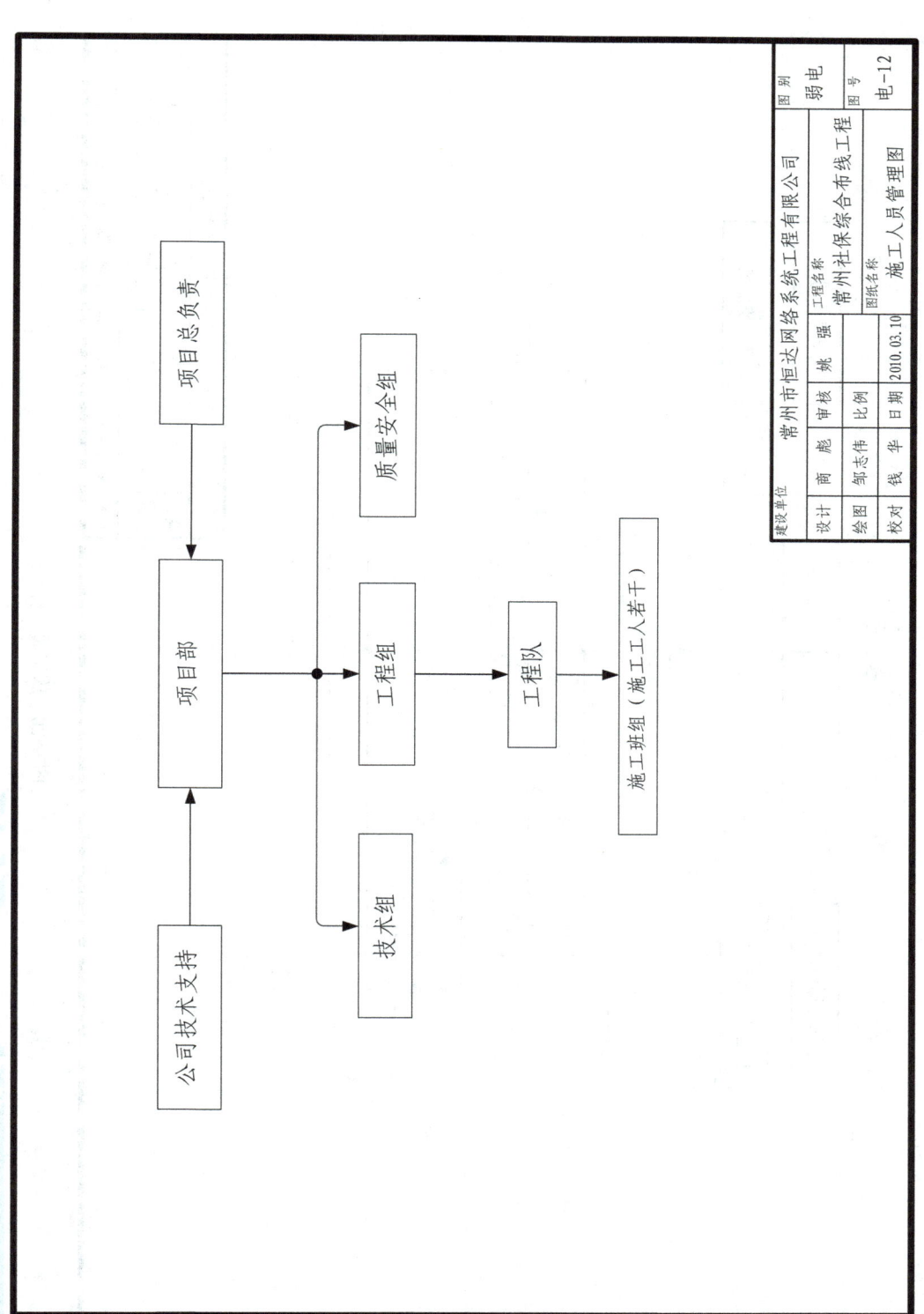

图 6-19　施工人员管理图

网络综合布线系统设计与实训

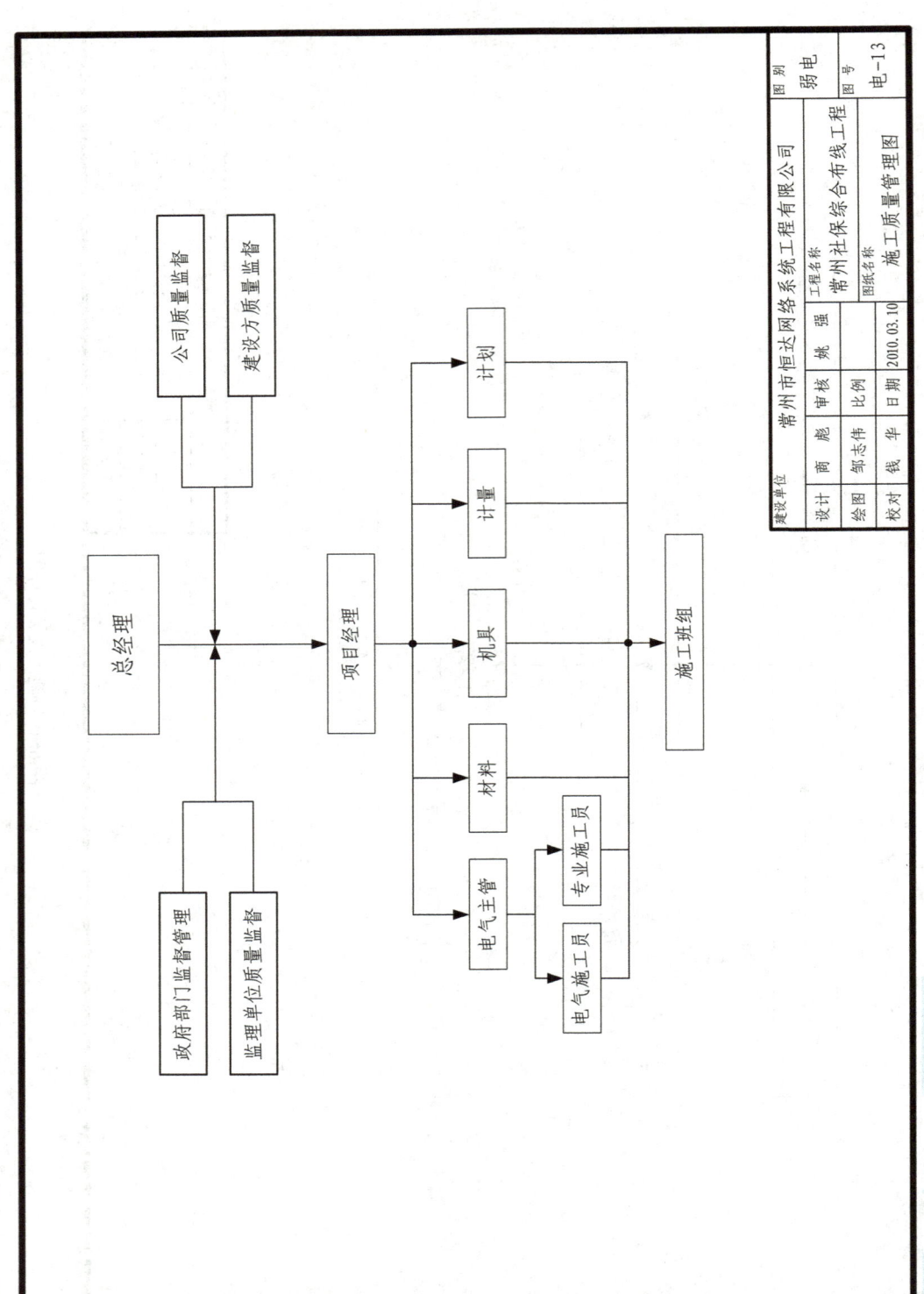

图 6-20 施工质量管理图

6.12 竣工验收资料

工程验收全面考核工程的建设工作，检验设计和工程质量。综合布线系统工程的验收工作，是对整个工程的全面验证和施工质量评定，因此必须按照国家规定的工程建设项目竣工验收办法和工作要求实施。对综合布线系统工程而言，验收的主要内容为环境检查、器材检验、设备安装检验、缆线敷设和保护方式检验、缆线终接和工程电气测试等，验收标准为 GB 50312—2007《综合布线系统工程验收规范》。

1. 验收的依据

1）技术设计方案。
2）施工图设计。
3）设备技术说明书。
4）设计修改变更单。
5）现行的技术验收规范。
6）工程检验项目及内容。

2. 检验内容

（1）系统测试

1）工程电气性能测试包括连接图、长度、衰减、近端串音（两端都应测试）以及设计中特殊规定的测试内容。

2）光纤特性测试包括衰减、长度。

（2）工程总验收

1）竣工技术文件：清点、交接技术文件。
2）工程验收评价：考核工程质量，确认验收结果。

3. 竣工验收报告

验收内容通过后，要拟写一份竣工验收报告，要建设单位、监理单位、施工单位三方签字方生效。

6.12.1 永久链路测试报告

以 105-28 号信息点为例，其永久链路测试报告如图 6-21 所示。

网络综合布线系统设计与实训

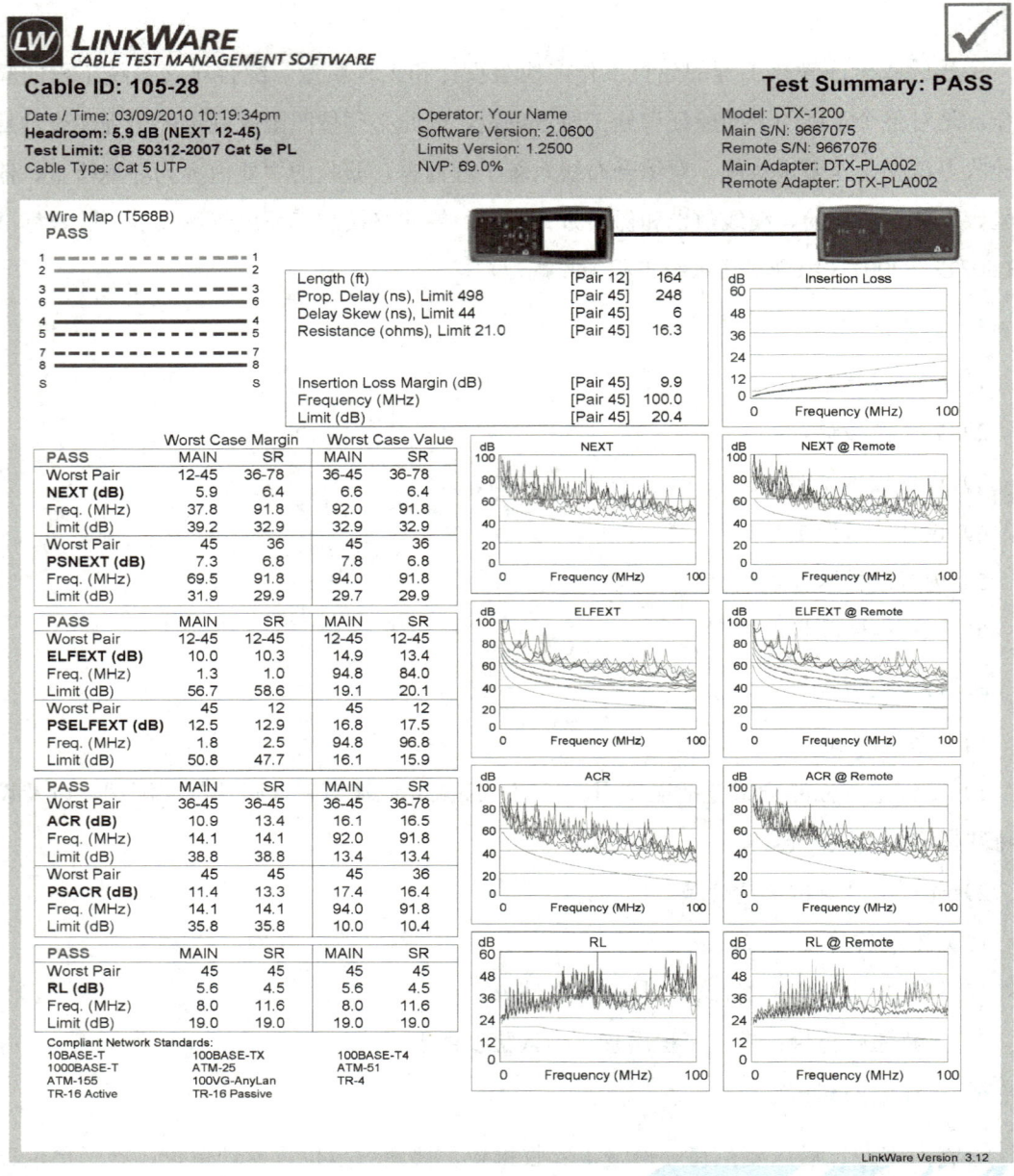

图 6-21　永久链路测试报告样图

6.12.2　竣工验收报告

竣工验收报告如图 6-22 所示。

第六章　综合布线系统设计案例

竣工验收报告

验收日期：2010 年 4 月 30 日

工程名称	常州社保综合布线工程
施工单位名称	常州市恒达网络系统工程有限公司
工程地点	常州社保大楼
施工日期	2010 年 3 月 1 日
竣工日期	2010 年 4 月 20 日
验收评定意见：	根据《常州社保综合布线工程合同》要求，常州市恒达网络系统工程有限公司已将所有合同设备安装调试完毕，完成了综合布线管道敷设，线缆敷设，管理间、设备间的设备安装，并经过调试、试运行，现已完全正常。经建设单位、施工单位、监理单位三方对此工程进行验收测试，各项指标均达标。工程验收结论为合格。
验收人员（代表）签字：	孙宾、王祥元、顾涛

建设单位：	监理单位：	施工单位：
常州社保股份有限公司	常州市华阳建设工程监理有限公司	常州市恒达网络系统工程有限公司
（盖章）	（盖章）	（盖章）
2010 年 4 月 30 日	2010 年 4 月 30 日	2010 年 4 月 30 日

图 6-22　竣工验收报告

竣工验收资料封面及目录如图 6-23 所示。

常州社保综合布线工程

竣 工 资 料

常州市恒达网络系统工程有限公司

2010年04月30日

目录

序号	竣工资料名称	份数	页码
1	设计施工说明	1	—
2	系统图	1	—
3	平面施工图	4	—
4	信息点数量统计表	1	—
5	机柜设备安装及打线图	4	—
6	器材清单及预算	1	—
7	信息点端口对应表	4	—
8	永久链路测试报告	223	—
9	竣工验收报告	1	—

图 6-23　竣工验收资料封面及目录

第七章　综合布线系统模拟实训

本章要点

- 综合布线工程模拟项目介绍
- 综合布线工程模拟项目设计
- 设备安装与永久链路测试
- 线路端接实训
- 竣工资料的内容及要求
- 模拟项目评分标准

本章概述

通过网络综合布线工程模拟项目实例讲解，对项目的设计、安装、测试和有关竣工资料的编写，一一详细阐述。在项目设计过程中，系统图、安装施工图、信息点数量统计表、信息点端口对应表以及材料预算表是如何要求的，又有哪些具体的要求，都作了详细的分析和阐述。另外，在具体的实训和现场施工过程中，又应该按照怎样的步骤和方法，特别是对于项目的评分标准及每部分的评分细则都作了详细的介绍。

7.1　模拟项目介绍

通过给定的实训装置，完成网络综合布线工程模拟项目的设计、安装、测试和编写竣工资料。

设备及要求如下：

1）CD 为 1 台网络配线实训装置，模拟建筑群子系统网络配线机柜。
2）BD 为 1 台网络配线实训装置，模拟设备间子系统网络配线机柜。
3）FD1 为 1 台壁挂式机柜，模拟建筑物 1 层管理间子系统网络配线机柜。
4）FD2 为 1 台壁挂式机柜，模拟建筑物 2 层管理间子系统网络配线机柜。
5）FD3 为 1 台壁挂式机柜，模拟建筑物 3 层管理间子系统网络配线机柜。

第七章 综合布线系统模拟实训

6）每个明装塑料底盒模拟1个房间（区域），编号为11～36。

7）双口面板安装两个RJ-45信息模块，单口面板安装1个RJ-45信息模块。

8）设备间子系统模拟：从标记为BD的配线装置向FD1机柜安装1根ϕ20mm PVC线管。在FD3机柜至FD1机柜侧垂直安装1根宽度为40mm的线槽，两端安装堵头，模拟垂直子系统。从BD向FD3、FD2、FD1机柜分别布1根网络双绞线，BD机柜的背面7U处安装一只24口模块式配线架。

9）建筑群子系统模拟：从标记为CD的配线实训装置向BD机柜安装1根ϕ20 PVC线管和2根网络双绞线。CD机柜的背面7U处安装一只24口模块式配线架。

10）该模拟项目网线全部使用超五类双绞线铜缆。

11）管路要求：1层的11、12、13、14信息盒全部使用40mm PVC线槽，自制拐角；15、16信息盒采用20mm线槽，使用配套拐角。2层全部使用ϕ20 PVC线管，其中21、22、23、24信息盒根据图例中给出的曲率半径的值自制弯头，25、26信息盒采用配套弯头。3层采用线槽与线管结合的方法制作，其中主（水平）线槽采用40mm PVC线槽，31、32、33信息盒采用20mm PVC线槽，34、35、36信息盒采用ϕ20mm PVC线管。

参照图7-1所示设备安装示意图，完成网络综合布线工程模拟项目的设计、安装、测试和编写竣工资料，具体要求如下。

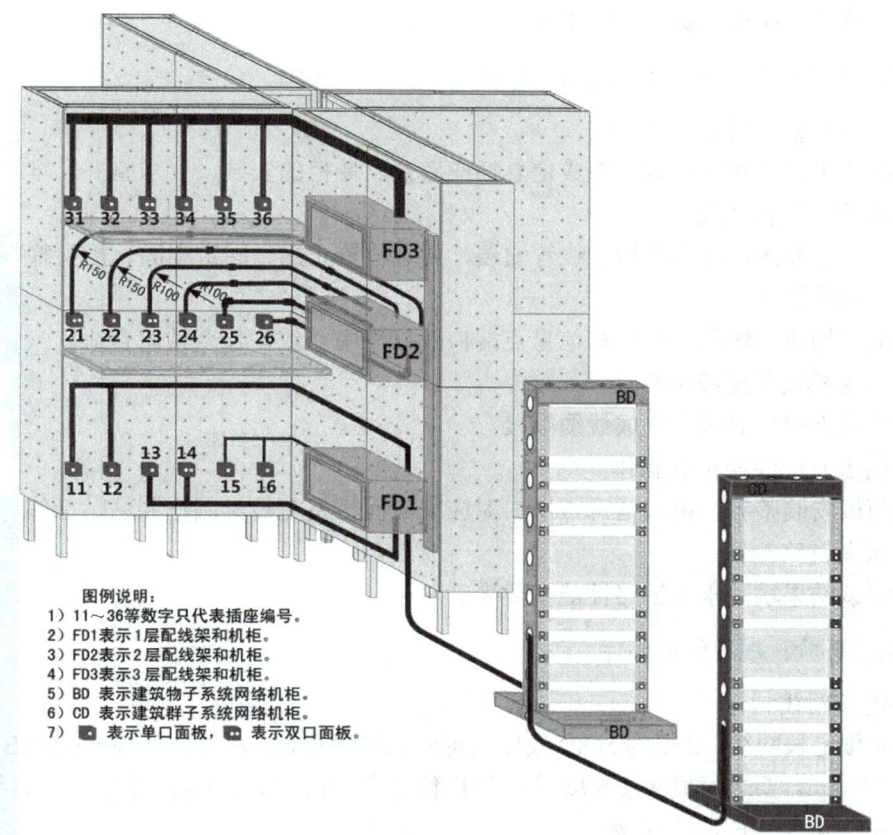

图7-1 设备安装示意图

1. 第一部分：模拟系统设计

（1）系统图

使用 Visio 软件或者 CAD 软件，完成 CD → TO 的布线系统图，要求概念清楚、图面布局合理、说明清楚、标题栏完整。

（2）施工平面图

使用 CAD 软件或者 Visio 软件，根据设备安装示意图，设计和绘制成施工平面图。要求 CD-BD-FD-TO 布线路由、设备位置和尺寸正确；机柜和信息插座位置、规格正确；图面设计、布局合理，位置尺寸标注清楚正确；图形符号规范，说明正确和清楚；标题栏完整。

（3）信息点数量统计表

要求使用 Excel 软件编制，表格设计合理，数量正确，项目名称正确，签字和日期完整。

（4）信息点端口对应表

根据设计内容，完成信息点端口对应表。信息插座底盒编号必须与安装图中插座编号相同，模拟楼层机柜编号必须使用安装图中对应的 FD1、FD2、FD3，配线架端口编号必须与配线架实物编号相同。

（5）材料预算表

依据 IT 行业预算方法，编制该模拟项目材料预算表。要求材料名称和规格/型号正确，数量合理，单价、计算正确，用途正确。

2. 第二部分：设备安装与永久链路测试

（1）信息底盒、墙柜安装

按照施工平面图对应位置，完成信息插座底盒、墙柜的安装，要求整齐、牢固。

（2）线槽、线管敷设

按照施工平面图，完成线槽、线管安装，要求位置正确、固定牢固、接头整齐和美观。

（3）线缆敷设

线缆两端均应有线标，线标与信息点端口对应表中一致，长度预留合适。

（4）信息模块和配线架端接

根据信息点端口对应表完成线缆端接。

（5）面板及配线架标签制作

要求面板安装整齐。根据信息点端口对应表给面板及配线架制作并粘贴标签。

（6）永久链路测试

根据测试结果填写永久链路性能参数表。

3. 第三部分：线路端接实训

（1）定长网线制作

制作 4 根定长网线。2 根为 568B 线序，每根长度为 600mm；2 根为 568A-568B 线序，每根长度为 550mm。要求每根网线长度误差上下不超过 5mm，线序正确，要有护套，线标清楚。

（2）用测试仪完成回路端接

完成 4 组由 3 根网线构成的回路，按照 568B 标准端接。按照图 7-2 所示位置，要求在

第七章　综合布线系统模拟实训

标记 CD 的配线实训装置上，从左向右依次完成 4 组回路，不允许中间留空。每组回路端接包括 3 根网线和 6 次端接。其中，4 对连接块上下端接共两次，RJ-45 水晶头端接 3 次，RJ-45 模块端接 1 次。还应完成 4 组回路的端口对应表。

（3）用压接线实验仪完成回路端接

完成 6 组由 3 根网线构成的回路，按照 568B 标准端接。按照图 7-3 所示位置，要求在标记 CD 的配线实训装置上，从左向右依次完成，不允许中间留空。每组回路端接包括 3 根网线和 6 次端接。其中，4 对连接块端接共 4 次，RJ-45 水晶头端接 1 次，RJ-45 模块端接 1 次。还应完成 6 组回路的端口对应表。

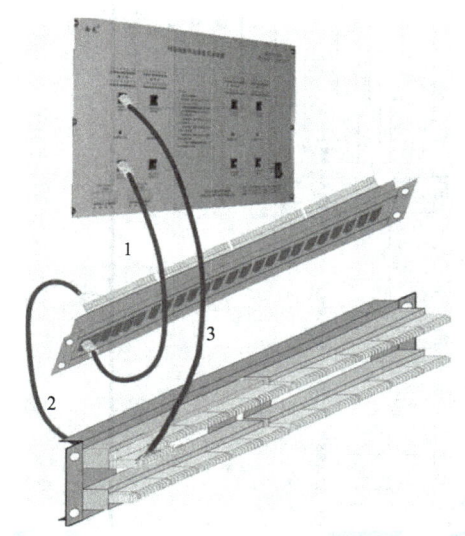

图 7-2　4 回路端接示意图

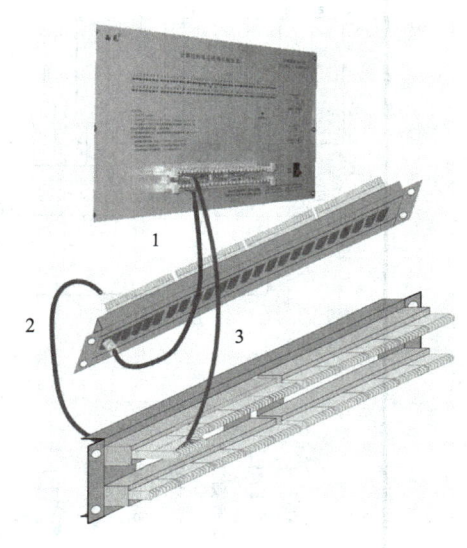

图 7-3　6 回路端接示意图

4. 第四部分：竣工资料

根据设计和安装施工过程，完成网络综合布线工程模拟项目施工总结报告，并将所有书面文件打印成 A4 幅面，完成竣工资料。要求独立装订，整齐美观。

7.2　模拟项目设计

7.2.1　系统图

系统图要准确地表达工作区子系统的双孔信息点数量、单孔信息点数量及该楼层信息点数量，并标注线缆根数；管理间子系统要标注管理间编号及配线架数量；垂直子系统线缆标注要正确、合理；设备间要标注配线架数量；图例、说明要合理正确。系统图如图 7-4 所示。

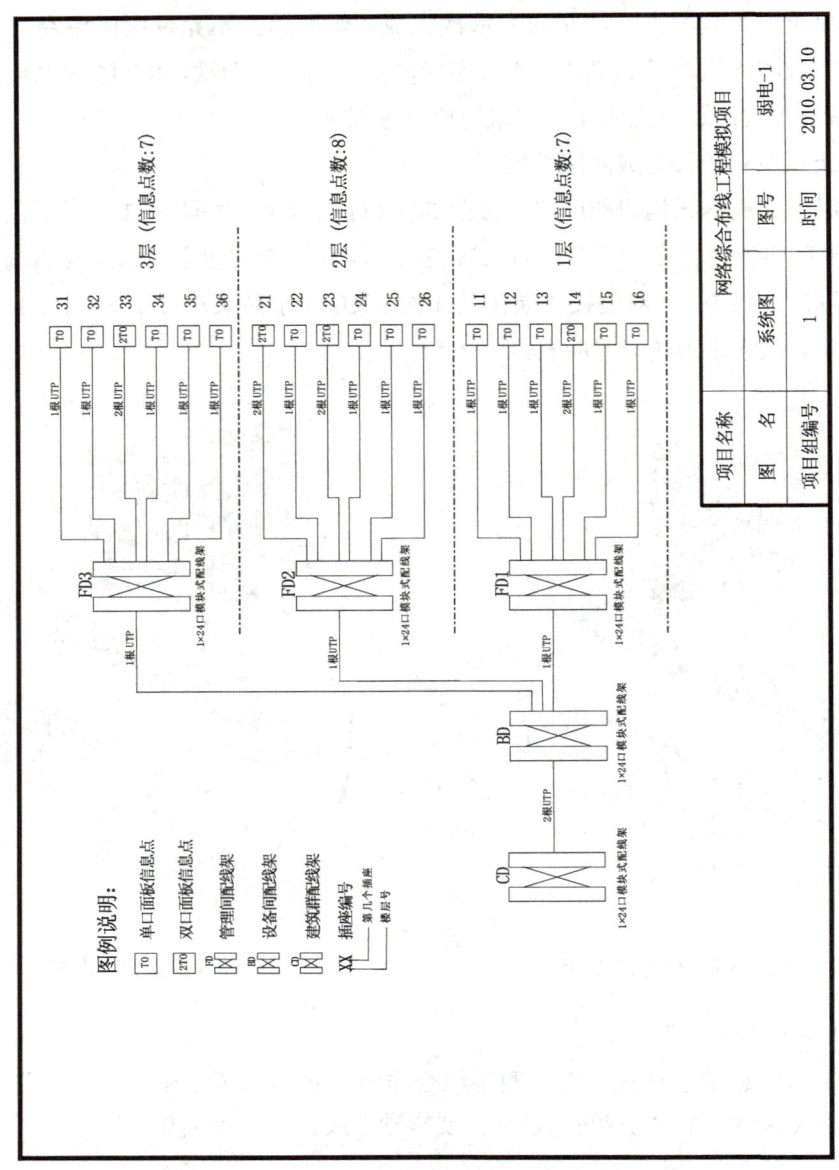

图 7-4 系统图

7.2.2 安装施工图

使用 CAD 软件或 Visio 软件，参照设备安装示意图，设计和绘制成施工平面图。施工平面图按照 A4 幅面设计，采用三张图纸表达施工平面图。器材和安装位置等尺寸现场实际测量。施工平面图应符合以下要求：CD-BD-FD-TO 布线路由、设备位置和尺寸正确；机柜和插座位置、规格正确；图面设计、布局合理，位置尺寸标注清楚正确；图形符号规范，说明正确和清楚；标题栏完整。

施工平面图如图 7-5、图 7-6、图 7-7 所示。

第七章 综合布线系统模拟实训

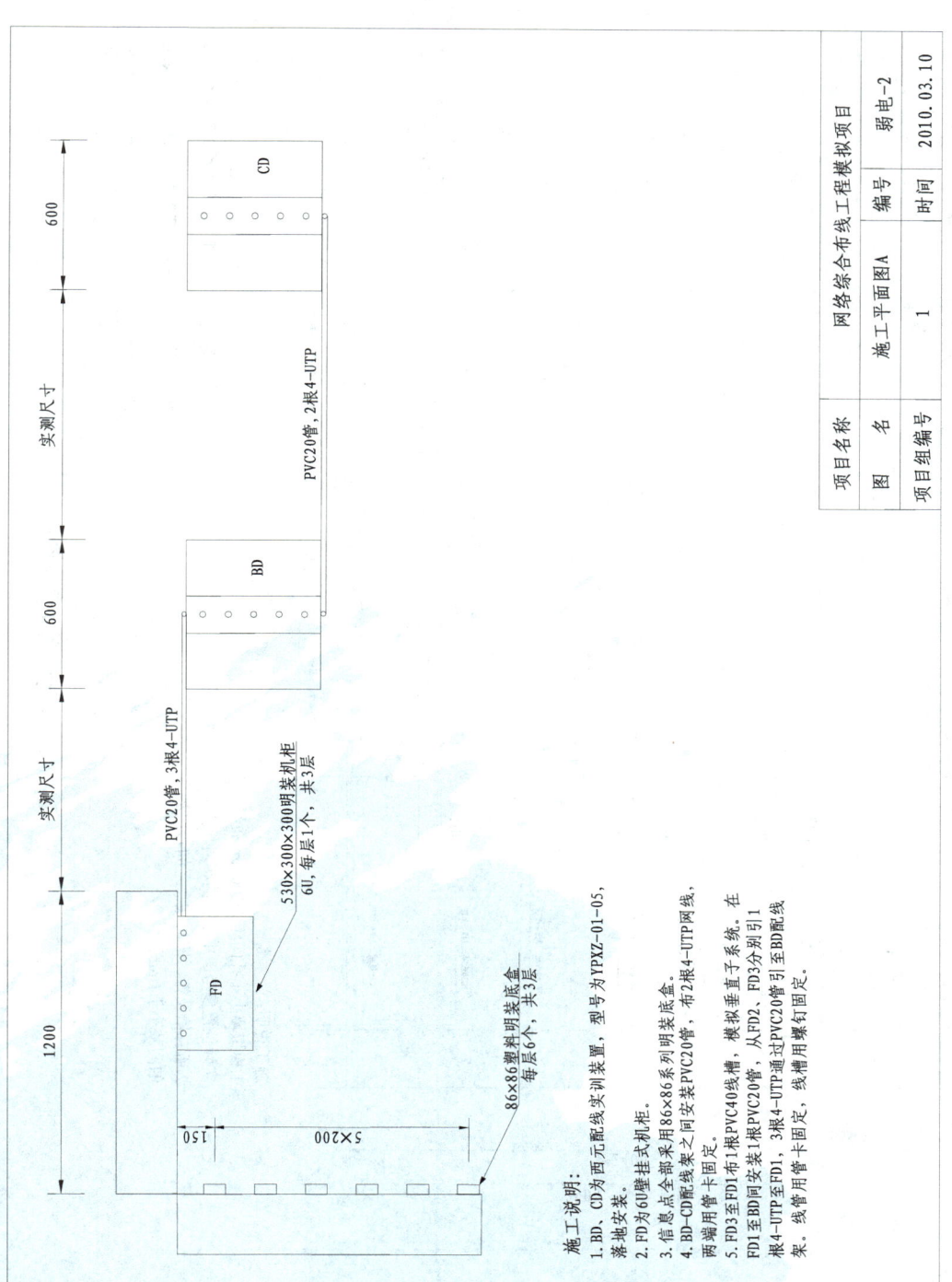

图7-5 施工平面图A

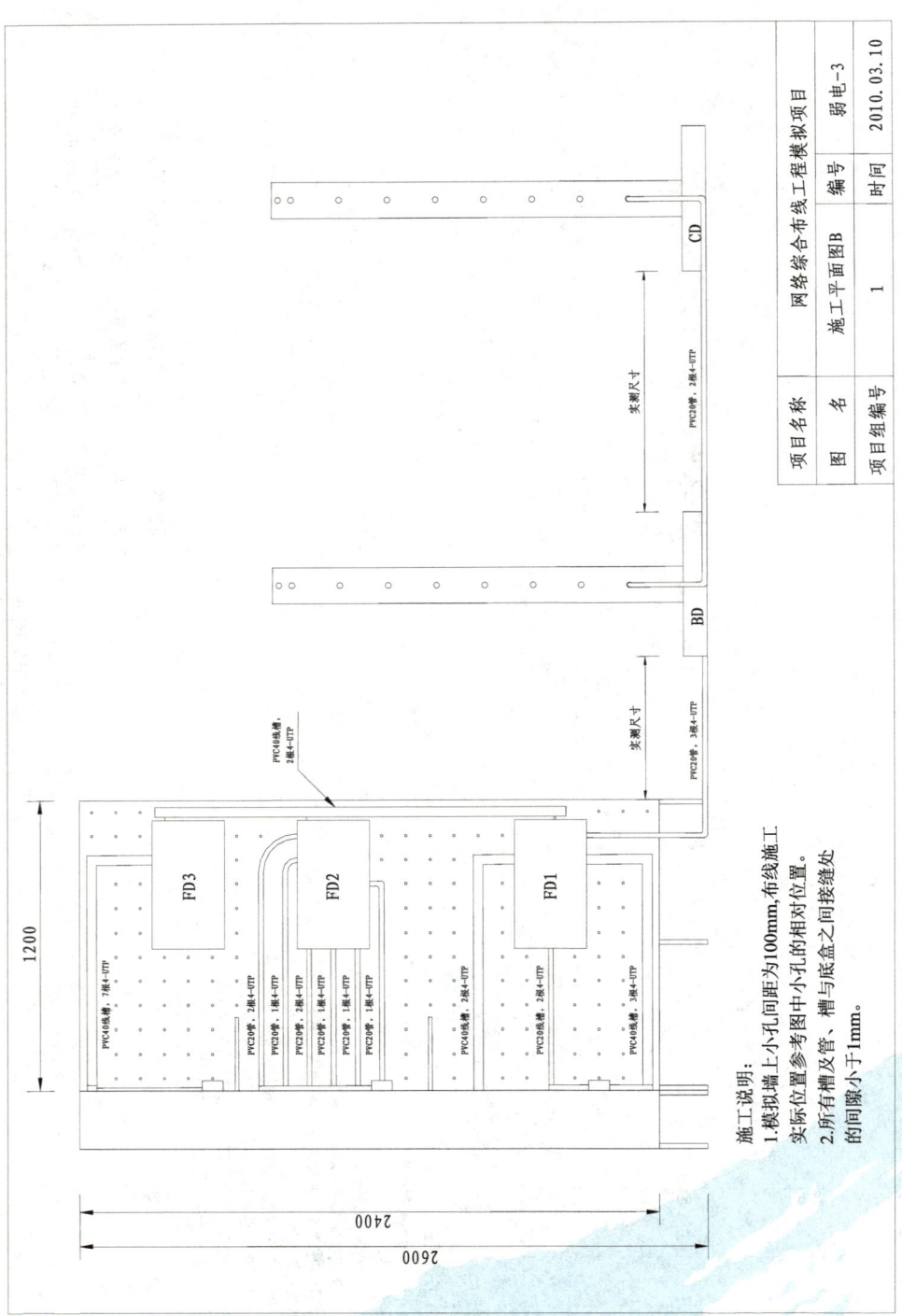

图 7-6 施工平面图 B

第七章 综合布线系统模拟实训

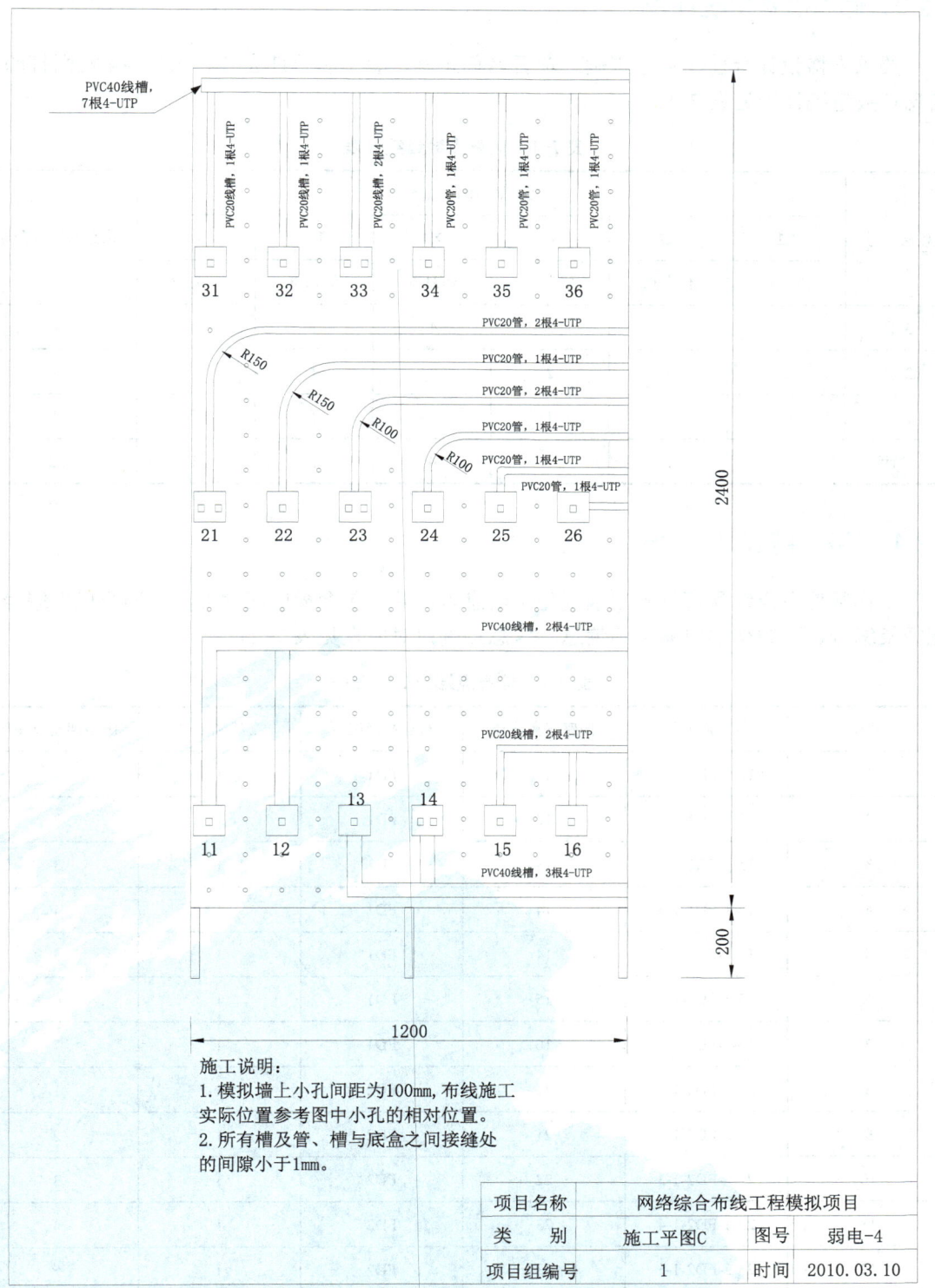

图 7-7 施工平面图 C

7.2.3 信息点数量统计表

要求表格设计合理、数量正确、项目名称正确、签字和日期完整、采用 A4 幅面打印。信息点数量统计表见表 7-1。

表7-1 信息点数量统计表

楼层编号	信息插座编号						信息点数量合计
	X1	X2	X3	X4	X5	X6	
	信息点	信息点	信息点	信息点	信息点	信息点	
3层	1	1	2	1	1	1	7
2层	2	1	2	1	1	1	8
1层	1	1	1	2	1	1	7
合计	4	3	5	4	3	3	22

7.2.4 信息点端口对应表

工作区信息点编号可以独立区别每个信息点，并且包含插座底盒编号、楼层机柜编号、配线架编号、配线架端口编号等信息。信息点端口对应表见表 7-2。

表7-2 信息点端口对应表一

序号	信息点编号	插座底盒编号	楼层机柜编号	配线架编号	配线架端口编号
1	11-1-FD1-1-1	11	FD1	1	1
2	12-1-FD1-1-2	12	FD1	1	2
3	13-1-FD1-1-3	13	FD1	1	3
4	14-1-FD1-1-4	14	FD1	1	4
5	14-2-FD1-1-5	14	FD1	1	5
6	15-1-FD1-1-6	15	FD1	1	6
7	16-1-FD1-1-7	16	FD1	1	7
8	21-1-FD2-1-1	21	FD2	1	1
9	21-2-FD2-1-2	21	FD2	1	2
10	22-1-FD2-1-3	22	FD2	1	3
11	23-1-FD2-1-4	23	FD2	1	4
12	23-2-FD2-1-5	23	FD2	1	5
13	24-1-FD2-1-6	24	FD2	1	6

第七章 综合布线系统模拟实训

（续）

序号	信息点编号	插座底盒编号	楼层机柜编号	配线架编号	配线架端口编号
14	25-1-FD2-1-7	25	FD2	1	7
15	26-1-FD2-1-8	26	FD2	1	8
16	31-1-FD3-1-1	31	FD3	1	1
17	32-1-FD3-1-2	32	FD3	1	2
18	33-1-FD3-1-3	33	FD3	1	3
19	33-2-FD3-1-4	33	FD3	1	4
20	34-1-FD3-1-5	34	FD3	1	5
21	35-1-FD3-1-6	35	FD3	1	6
22	36-1-FD3-1-7	36	FD3	1	7

注：信息点编号格式的定义为

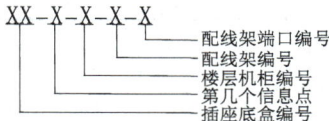

例如 32-1-FD3-1-2 表示 32 号插座中的第 1 个信息点，端接在 FD3 机柜的 1 号配线架的 2 号端口。

上述信息点编号包含了该信息点在哪个插座底盒内，该插座底盒中第几个信息点被端接在哪个楼层机柜内，第几号配线架上，第几个端口上。虽然这样感觉定位很准确，但过于复杂，会出现认读困难，而且这样的编号也不易在平面施工图上表示；另外，在配线架上实际做标志时会很困难。

因此，在实际项目中采用数据关联的思路设计信息点端口对应表，见表 7-3。信息点的编号代表着一条信息路径的编号，应贯穿着水平布线系统的始终，这样便于制作信息面板、网线两端、配线架面板上端口的标签。

表 7-3 信息点端口对应表二

序号	信息点编号	插座底盒编号	楼层机柜编号	配线架编号	配线架端口编号
1	11-1	11	FD1	1	1
2	12-1	12	FD1	1	2
3	13-1	13	FD1	1	3
4	14-1	14	FD1	1	4
5	14-2	14	FD1	1	5
6	15-1	15	FD1	1	6
7	16-1	16	FD1	1	7
8	21-1	21	FD2	1	1
9	21-2	21	FD2	1	2
10	22-1	22	FD2	1	3

（续）

序号	信息点编号	插座底盒编号	楼层机柜编号	配线架编号	配线架端口编号
11	23-1	23	FD2	1	4
12	23-2	23	FD2	1	5
13	24-1	24	FD2	1	6
14	25-1	25	FD2	1	7
15	26-1	26	FD2	1	8
16	31-1	31	FD3	1	1
17	32-1	32	FD3	1	2
18	33-1	33	FD3	1	3
19	33-2	33	FD3	1	4
20	34-1	34	FD3	1	5
21	35-1	35	FD3	1	6
22	36-1	36	FD3	1	7

注：信息点编号格式的定义为

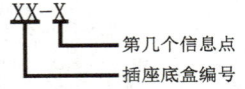

例如31-1 表示31号插座中的第1个信息点。

7.2.5 材料预算表

要求材料名称和规格/型号正确，数量合理，单价、计算正确，用途正确。对线管、线槽、网线、水晶头耗材以实际施工图中的数量增加10%裕量进行计算。材料预算表见表7-4。

表7-4 材料预算表

序号	材料名称	材料规格/型号	数量	单位	单价/元	小计/元	用途简述
1	网络综合布线实训装置（包含1只测量实验装置、压接线实验装置、2只24口模块配线架、2只100对110跳线架、2只理线环）	KYPXZ-01-05	2	套	26000	52000	网络配线实训
2	壁挂式机柜	19英寸6U	3	只	540	1620	安装网络设备
3	网络配线架	19英寸24口	5	只	480	2400	网络配线
4	理线环	19英寸1U	5	只	100	500	理线
5	工作台	1.2m	1	张	1000	1000	现场材料加工
6	插座底盒	86型	18	个	2	36	安装面板
7	双口面板（含M3螺钉）	86型	4	个	5	20	安装信息模块

第七章 综合布线系统模拟实训

（续）

序号	材料名称	材料规格/型号	数量	单位	单价/元	小计/元	用途简述
8	单口面板（含 M3 螺钉）	86 型	14	个	4	56	安装信息模块
9	信息模块	超五类	22	个	15	330	网络插口
10	水晶头	RJ-45	26	个	1	26	网线接头
11	网线	超五类	150	m	2	300	网络布线
12	PVC 线槽/配件	39mm×18mm 线槽	12	m	4	48	布线
13		20mm×10mm 线槽	4	m	2	8	布线
14		39mm×18mm 堵头	3	个	1	3	封线槽口
15		20mm×10mm 直角	1	个	1	1	线槽连接
16		20mm×10mm 阴角	1	个	1	1	线槽连接
17		20mm×10mm 三通	1	个	1	1	线槽连接
18	PVC 线管/配件	φ20 线管	18	m	2	36	布线
19		φ20 管卡	35	个	1	35	固定线管
20		φ20 弯头	5	个	1	5	线管连接
21		φ20 三通	1	个	1	1	线管连接
22		φ20 直接头	4	个	1	1	线管连接
23	辅助材料	标签、牵引丝等	1	套	50	50	作标记、辅助穿线等

材料费合计：58481

7.3 设备安装与永久链路测试

7.3.1 信息底盒、墙柜安装

1. 材料及工具

材料：86 底盒 18 只、挂壁机柜 3 只。
工具：电动螺钉旋具、十字形螺钉旋具、平口钳、φ20 开孔器、φ6 钻头等。

2. 操作步骤

第一步：安装壁挂式机柜。
根据施工平面图的位置要求，将壁挂式机柜固定于墙面。
第二步：钻 86 底盒固定孔。
用 φ6 钻头给 86 底盒钻螺钉固定孔。如果底盒预制有螺钉固定孔，这一步可省略。

第三步：钻86底盒进线孔。

用φ20开孔器给底盒开线管进线孔，如图7-8、图7-9所示。用平口钳给相应的86底盒切线槽进线孔，如图7-10所示。

图7-8　开φ20线管进线孔

图7-9　86底盒线管进线孔样图

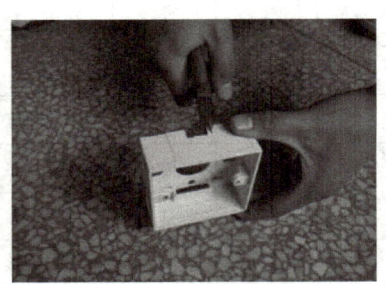
图7-10　切线槽进线孔

图7-11　86底盒固定墙面样图

第四步：固定86底盒。

用电动螺钉旋具把86底盒固定在模拟墙墙面上，如图7-11所示。

3. 技术要点

开孔时须将86底盒固定，采用两脚夹紧86底盒，开孔时钻头应反转，采用低速挡。开φ20线管进线孔时，定位要准，使孔中心与φ20 PVC线管保持同心。开孔时要批量作业，提高效率。用平口钳切槽时，槽的宽度不宜过宽，与所穿线相适配即可。

4. 注意事项

86底盒开孔、切槽的位置、数量要正确。根据施工平面图，开φ20孔的86底盒有6个，其中编号为26的底盒要注意开在右侧，其余的是切槽。

7.3.2　线槽、线管敷设

在模拟墙上预设有间距100mm×100mm M6螺钉孔，必须使用配套的M6×16螺钉，要求硬度≤140HV、强度≤4.8kg/mm，不要使用高强度螺钉。

1. 材料及工具

材料：20线槽、40线槽、φ20 PVC线管、φ20 PVC管卡、弯头、接头等。

工具：电动螺钉旋具、十字形螺钉旋具、PVC管子剪、手工锯、钢卷尺、记号笔等。

第七章　综合布线系统模拟实训

2. 操作步骤

（1）线槽安装方法

第一步：画辅助线。

揭开 40 线槽的盖，在槽底用 20 线槽作画线工具，紧贴 40 线槽的一侧用记号笔画一根辅助线，由于误差的原因，该线不可能处于 40 线槽的中间位置，因此再用 20 线槽作画线工具，紧贴 40 线槽的另一侧用记号笔再画一根辅助线，两根辅助线的中间位置就是 40 线槽的中心，如图 7-12、图 7-13 所示。

 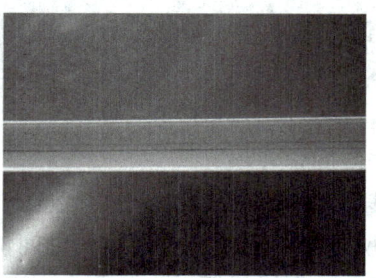

图 7-12　画 40 线槽辅助线　　　　　图 7-13　40 线槽中心位置样图

第二步：切割线槽。

根据施工平面图中线槽的规格和长度，选择相应规格的线槽，并截取相应长度。切割线槽的工具，可以采用手工锯，如图 7-14 所示。

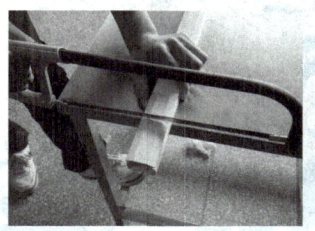  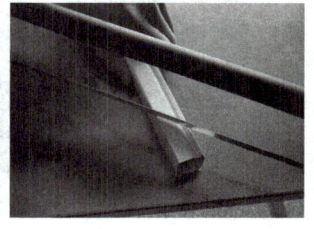

图 7-14　手工锯切割线槽

根据施工平面图的要求，在要求自制拐角处，必须将线槽切成 45°拼角，拼接接缝处间隙应小于 1mm，如图 7-15 所示。

图 7-15　自制拐角样图

为提高切割效率，提高拼接精度，可利用带角度切割机完成线槽切割（在比赛中可能不能用），如图 7-16、图 7-17 所示。

图 7-16 纵向切 45°拼角

图 7-17 横向切 45°拼角

第三步：固定线槽。

先把线槽贴在模拟墙墙面，用螺钉旋具在线槽所画辅助线中间找到墙面螺钉孔位置，如图 7-18 所示。然后用电钻在线槽中间位置钻 ϕ 6 螺钉孔，如图 7-19 所示，每隔 30mm 钻一螺钉固定孔，每段线槽至少开两个固定孔。一层线槽安装样图如图 7-20 所示。

图 7-18 钻螺钉孔

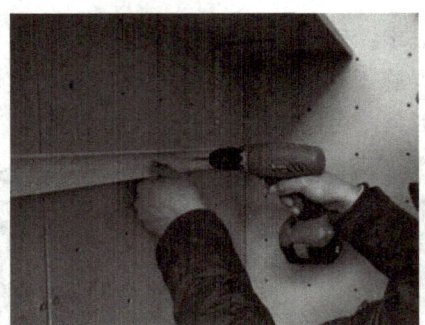

图 7-19 紧固线槽螺钉

图 7-20 一层线槽安装样图

（2）线管安装方法

第一步：固定管卡。

根据施工平面图中各线管敷设位置，沿线管方向用 M6 螺钉把管卡固定好，每隔 30mm 固定一管卡，如图 7-21 所示。二层管卡固定样图如图 7-22 所示。

第七章 综合布线系统模拟实训

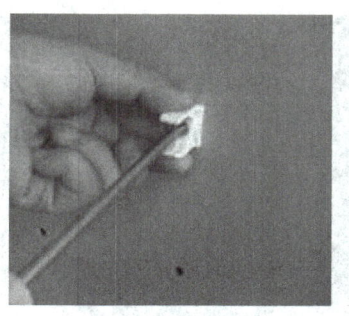

图 7-21 固定管卡

图 7-22 二层管卡固定样图

第二步：制作线管。

要求自制拐角处，特别是有指定曲率半径要求处，应按图中曲率半径制作拐角。对线管的弯曲成形可借助弯管弹簧完成，方法如下：

首先将与线管规格相配套的弹簧插入线管内，如图 7-23 所示。

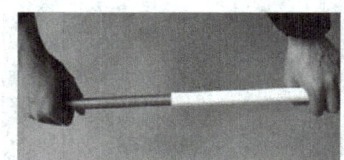

图 7-23 插入弹簧

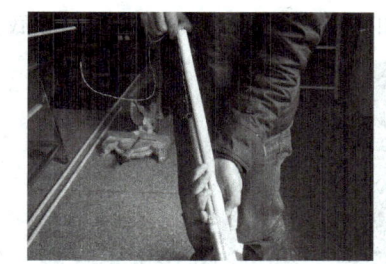

图 7-24 确定弯曲位置

其次，将弯管弹簧插入到需要弯曲的部位，如果管路长度大于弯管弹簧的长度，可用铁丝拴牢弹簧的一端，拉到合适的位置，如图 7-24 所示。

最后，用两手抓住弯管弹簧的两端位置，用力弯管子或使用膝盖顶住被弯曲部位，逐渐弯出所需要的弯度，如图 7-25 所示。

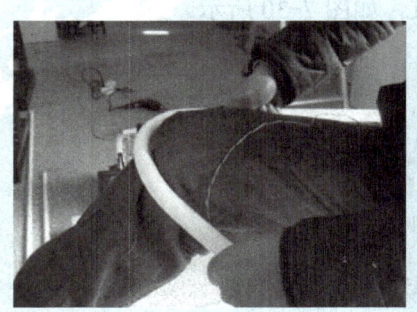

图 7-25 弯曲成形

第三步：安装线管。

将线管安装到管卡中，两端预留的长度必须合适，如果太长可用线管剪刀剪掉多余的部分，如图 7-26 所示。二层线管安装好后如图 7-27 所示。

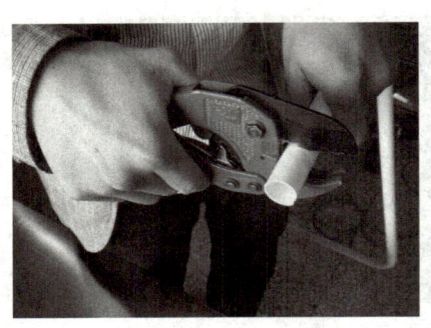 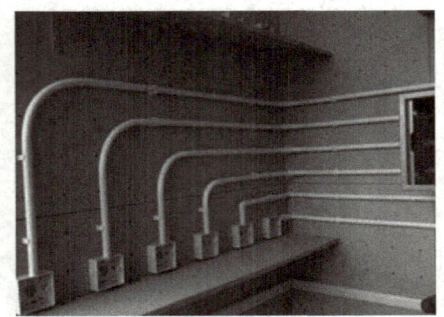

图 7-26　剪掉多余的线管　　　　　图 7-27　二层线管安装样图

3. 技术要点

线槽安装必须做到横平竖直。在该模拟墙上进行线槽固定时，只需在每段线槽两端各用一个螺钉固定即可。实际工程施工时，线槽固定间距一般为 1m。切割 45°角时，须先在线槽上画 45°斜线，而且 45°线的位置一定要画准。20 线槽与 86 底盒连接处，应将线槽插入底盒，如图 7-28 所示。40 线槽与 86 底盒连接处间隙应小于 1mm，如图 7-29 所示。

图 7-28　20 线槽与底盒连接样图　　　图 7-29　40 线槽与底盒连接样图

线管安装也必须做到横平竖直，转角处过渡自然。针对本模拟墙上的线管，可每隔 300～400mm 安装一个管卡，然后再固定 PVC 管。有指定要求曲率半径处，弯曲中心要定准。实际工程施工时一般每隔 1m 安装 1 个管卡。线管与 86 底盒连接处，应将线管插入底盒中，但插入长度不宜太长，以不影响模块的安装为宜，如图 7-30 所示。

图 7-30　20 线管与底盒连接样图

4. 注意事项

自制线槽的拐角处，不管是阴角还是阳角，都要将线槽切成 45°角，要注意切槽的方向及切槽的位置。

第七章 综合布线系统模拟实训

弯管时要根据施工平面图中所要求曲率半径进行弯曲，弯管时不能过力过猛，以免管子开裂。线管两端长度要控制合适。

7.3.3 线缆敷设

1. 材料及工具

材料：网络双绞线、号码管。
工具：平口钳、剪刀、记号笔、橡木榔头等。

2. 操作步骤

第一步：放线。

根据86底盒到机柜配线架的长度，剪取适当长度的网线。放线长度要合适，要考虑机柜内打线所留的裕量，此处预留500～600mm，如图7-31所示。墙面86底盒模块端接处要留有裕量，此处预留10～15mm，如图7-32所示。

图7-31 机柜处预留500～600mm

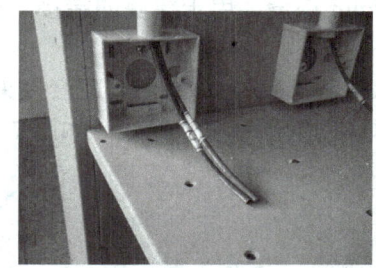
图7-32 底盒处预留10～15mm

第二步：套号码管。

为便于分辨线号，在穿线之前，应对网线两端作编号，编号可根据设计部分的信息点端口对应表二中的编号进行编写。用记号笔在号码管上写上线的编号，然后分别套在线的两端，如图7-33所示。

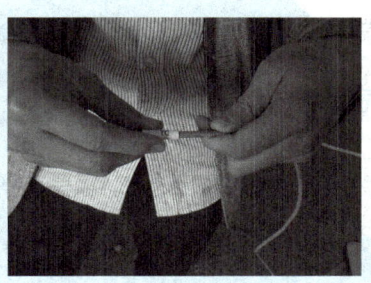
图7-33 套号码管

第三步：穿线。

给线管穿线时，一般可从机柜向86底盒方向穿线，如图7-34所示。给线槽穿线时，一般可从86底盒向机柜方向穿线，如图7-35所示。

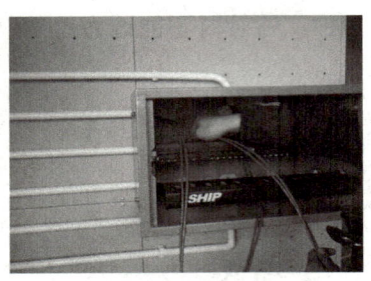
图 7-34 线管穿线

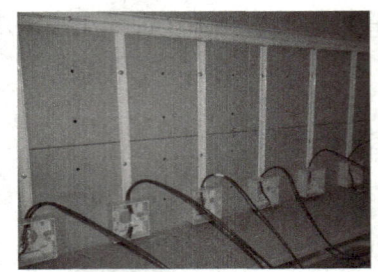
图 7-35 线槽穿线

第四步：合上线槽顶盖。

当所有线缆放到位后，就可以合上线槽顶盖。应从 86 底盒处向机柜方向依次将线槽顶盖合上，可以采用边理线边上盖的方法。

3. 技术要点

放线时两端所留裕量要合适，要考虑模块的端接和配线架之间的端接裕量。86 底盒处留 15～20mm 裕量，用于模块的端接。壁挂式机柜处留 500mm 裕量，用于与配线架之间的端接。

给 PVC 线管穿线时如果遇到配套接头处，可以拆开穿线，如图 7-36 所示。如遇线管较长时，可以借助钢丝牵引法穿线，如图 7-37 所示。

图 7-36 配套接头处穿线方法

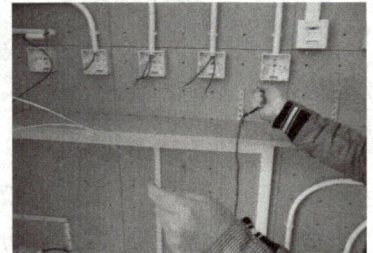
图 7-37 钢丝牵引法

4. 注意事项

线标制作要细心，线缆两端的标记应一致。放线长度要合适，既不要太短，也不要太长。

7.3.4 信息模块和配线架端接

1. 材料及工具

材料：网络双绞线、号码管、信息模块、配线架、水晶头等。

工具：剪刀、压线钳、剥线刀、打线刀等。

2. 操作步骤

（1）信息模块的端接

第一步：剥线。

使用剥线刀剥掉双绞线的外皮，长度为 10～15mm，剪掉内牵引线，特别注意不要损伤线芯和线芯绝缘层，如图 7-38 所示。

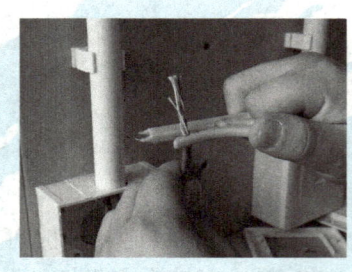
图 7-38 剥线

第七章　综合布线系统模拟实训

第二步：压线。

剥线完成后按照模块结构将 8 芯线逐一分开，然后按照模块上所标 568B 的线序要求逐一将线压接在模块中，如图 7-39 所示。

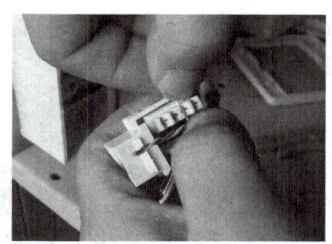 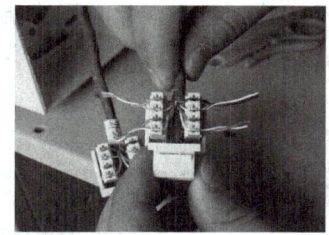

图 7-39　将线按线顺压接入模块

然后用打线刀完成模块的压接，如图 7-40 所示。压接好后的模块如图 7-41 所示。

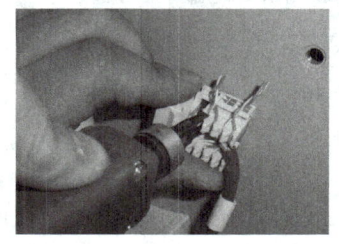 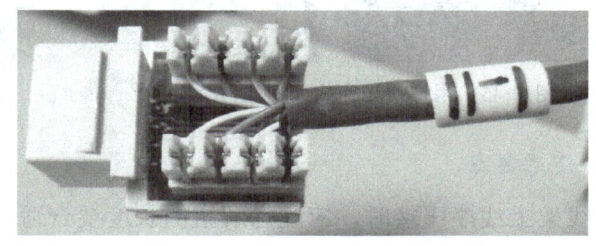

图 7-40　模块的压接　　　　图 7-41　压接好后的模块样图

第三步：装防尘盖。

装上防尘盖，整理好线的位置。

第四步：安装面板。

模块压接完成后，将模块卡入面板槽中，如图 7-42 所示，然后安装面板。

（2）配线架的端接

第一步：理线。

先将机柜内的配线架反向安装好，再安装好理线环。按照线的顺序，逐一整理好网线，分别按照要求位置用理线环整理好线。

图 7-42　将模块卡入面板槽中

第二步：剥线。

将理好的线按位置逐一剪成合适的长度，用剥线刀剥线。

第三步：压线。

按照配线架上 568B 的线序要求，先对双绞线进行解扭操作，如图 7-43 所示。然后逐一将各线压接入配线架中，如图 7-44 所示。压接线序时，要按照对称压接的顺序进行。

 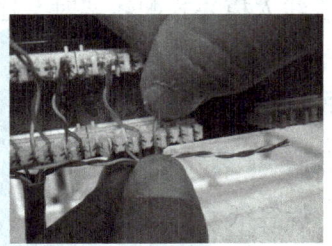

图 7-43　分线　　　　　　　图 7-44　按线序对称压线

185

第四步：打线。

用打线刀完成网线与配线架模块间的压接，如图7-45所示。

第五步：固定配线架。

将压接好的配线架拆下，此时配线架是反向安装的，如图7-46所示。拆下后翻转一下，再正向安装到正确的位置。

图7-45 用打线刀完成线对压接

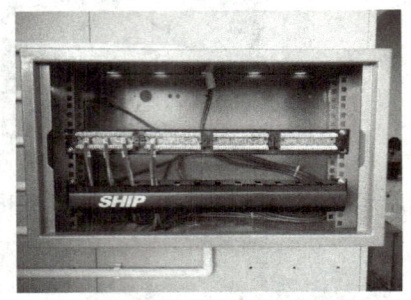

图7-46 反向打线后的配线架

3. 技术要点

配线架上线序压接时，应注意解扭的长度要合适，上线的时候要对称上线，以保证压接好后，线对仍保持成一定扭紧状态，如图7-47所示。

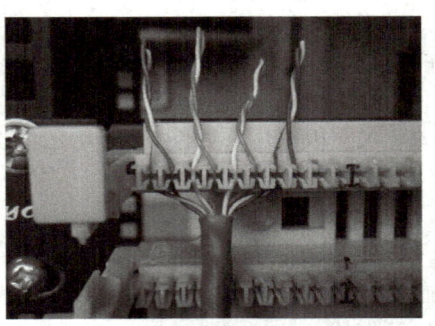

图7-47 压入的双绞线

4. 注意事项

如果双口面板上有网络和电话插口标记时，按照标记口位置安装。如果双口面板上没有标记时，宜将网络模块安装在左边，电话模块安装在右边，并且在面板表面做好标记。

反向压线入模块式配线架时，注意位置不要打错，左端、右端位置要留心，上排、下排要分清，每对线序要确认。

7.3.5 面板及配线架标签制作

1. 材料及工具

材料：标签纸、号码管。

工具：打印机、记号笔、剪刀等。

2. 操作步骤

第一步：制作面板标签。

根据表 7-3 信息点端口对应表二中的信息点编号要求，制作对应的面板标签，如图 7-48 所示。

第二步：制作配线架标签。

根据表 7-3 信息点端口对应表二中的信息点编号要求，制作对应的配线架标签，如图 7-49 所示。

图 7-48　面板标签

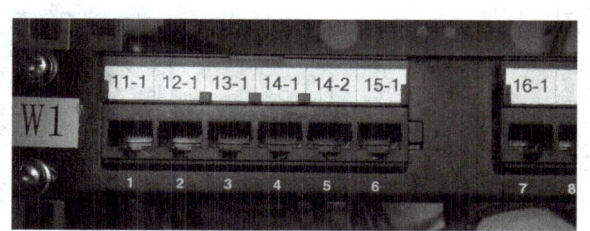

图 7-49　配线架标签

3. 技术要点

面板标签采用打印机打印后，标签表面要进行覆膜处理，标签粘贴要平整。配线架标签采用硬纸片打印，大小应适合配线架位置。

4. 注意事项

所有标签编号一定要根据表 7-3 信息点端口对应表二中编号制作。

7.3.6　永久链路测试

用 FLUCK 测试仪对永久链路进行测试，如图 7-50 所示。

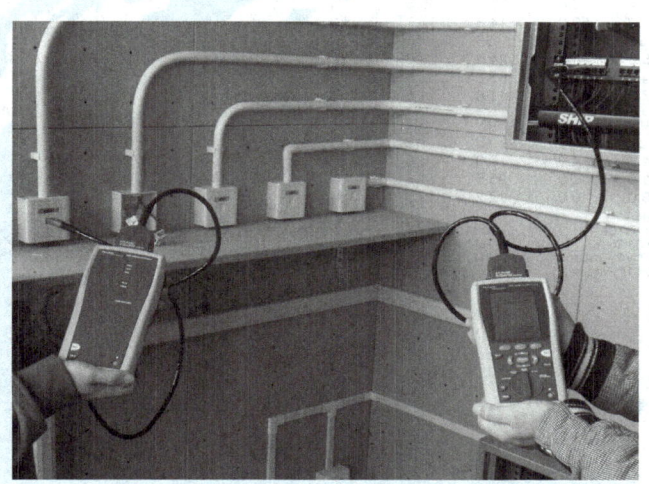

图 7-50　永久链路测试示意图

信息点 11-1 的测试参数样图如图 7-51 所示。

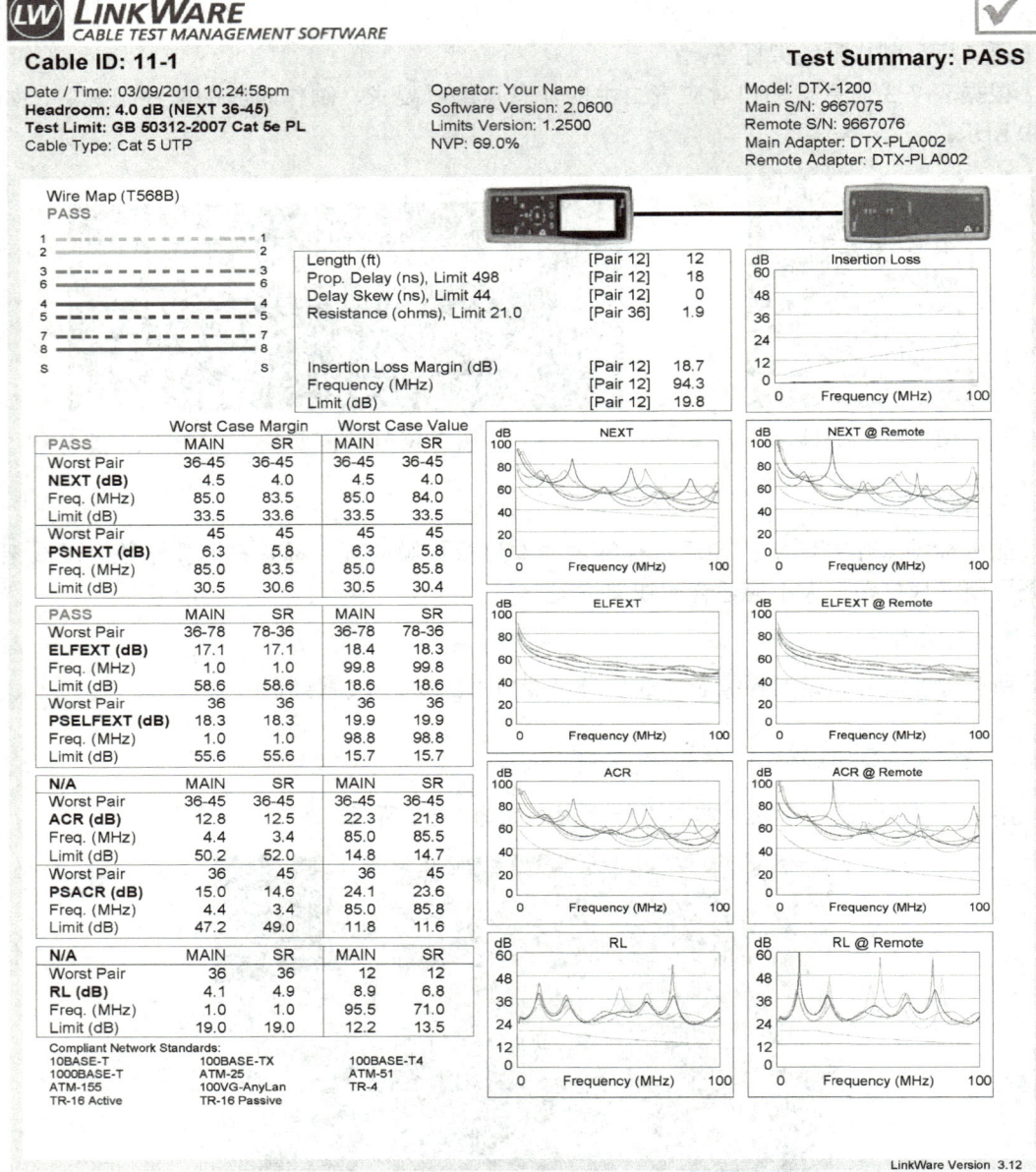

图 7-51　测试参数样图

对 27 条永久链路测试的参数汇总表见表 7-5。

第七章 综合布线系统模拟实训

表 7-5 永久链路测试汇总表

序号	项目名称	网络综合布线技术模拟项目			测试标准 568B 参数				测试仪器		FLUCK		结论
	信息点编号	长度	传输延迟	延迟偏离	插入损耗	近端串扰	综合近端串扰	回波损耗	衰减串扰比	等效远端串扰	综合等效远端串扰		
1	11-1	3.7m	√	√	18.7 dB	4.0 dB	5.8 dB	4.1 dB	12.5 dB	17.1 dB	18.3 dB		通过
2	12-1	3.5m	√	√	18.7 dB	6.4 dB	6.3 dB	2.6 dB	16.0 dB	16.1 dB	19.0 dB		通过
3	13-1	2.9m	√	√	19.3 dB	4.4 dB	6.0 dB	3.5 dB	14.1 dB	18.7 dB	20.3 dB		通过
4	14-1	2.5 m	√	√	19.5 dB	8.4 dB	8.1 dB	4.6 dB	18.0 dB	18.1 dB	19.2 dB		通过
5	14-2	2.5 m	√	√	19.0 dB	5.1 dB	6.6 dB	0.2 dB	13.4 dB	16.9 dB	18.5 dB		通过
6	15-1	2.1 m	√	√	19.4 dB	5.7 dB	7.5 dB	4.5 dB	16.7 dB	17.0 dB	18.8 dB		通过
7	16-1	1.9m	√	√	18.9 dB	8.9 dB	9.4 dB	-1.6 dB	19.7 dB	16.4 dB	18.4 dB		通过
8	21-1	3.7m	√	√	18.3 dB	3.1 dB	4.3 dB	4.6 dB	13.2 dB	16.8 dB	18.7 dB		通过
9	21-2	3.1m	√	√	19.3 dB	3.7 dB	6.3 dB	4.1 dB	15.5 dB	17.1 dB	19.7 dB		通过
10	22-1	3.1m	√	√	19.3 dB	4.5 dB	5.2 dB	4.1 dB	13.5 dB	14.5 dB	16.8 dB		通过
11	23-1	2.9m	√	√	19.4 dB	8.0 dB	9.3 dB	4.4 dB	16.7 dB	20.0 dB	20.7 dB		通过
12	23-2	2.9m	√	√	18.8 dB	5.8 dB	7.5 dB	4.2 dB	15.5 dB	18.3 dB	20.2 dB		通过
13	24-1	2.5m	√	√	18.6 dB	7.3 dB	9.0 dB	4.4 dB	16.1 dB	20.8 dB	22.1 dB		通过
14	25-1	2.5m	√	√	18.6 dB	4.2 dB	6.0 dB	4.3 dB	13.6 dB	16.0 dB	18.2 dB		通过
15	26-1	2.3 m	√	√	19.4 dB	5.5 dB	6.0 dB	2.3 dB	14.1 dB	15.7 dB	17.9 dB		通过
16	31-1	3.7m	√	√	19.2 dB	5.4 dB	6.6 dB	4.9 dB	15.4 dB	17.3 dB	19.1 dB		通过
17	32-1	3.7m	√	√	19.3 dB	4.7 dB	7.1 dB	3.9 dB	13.0 dB	17.8 dB	18.4 dB		通过
18	33-1	3.5m	√	√	18.8 dB	4.6 dB	6.8 dB	4.6 dB	14.2 dB	14.6 dB	16.9 dB		通过
19	33-2	3.5 m	√	√	18.8 dB	5.7 dB	7.9 dB	3.9 dB	16.7 dB	18.1 dB	20.2 dB		通过
20	34-1	3.3 m	√	√	19.0 dB	3.6 dB	3.8 dB	3.9 dB	14.3 dB	14.4 dB	16.8 dB		通过
21	35-1	3.1 m	√	√	19.1 dB	2.1 dB	2.9 dB	4.6 dB	12.2 dB	19.0 dB	21.0 dB		通过
22	36-1	2.9 m	√	√	19.1 dB	4.7 dB	6.7 dB	4.8 dB	15.1 dB	16.0 dB	17.8 dB		通过
23	B01	5.8 m	√	√	18.0 dB	5.5 dB	7.9 dB	4.7 dB	14.9 dB	15.4 dB	16.1 dB		通过
24	B02	6.8 m	√	√	18.7 dB	5.3 dB	6.8 dB	3.6 dB	15.1 dB	16.7 dB	17.0 dB		通过
25	B03	7.7 m	√	√	18.4 dB	6.2 dB	8.0 dB	2.3 dB	16.0 dB	16.9 dB	16.7 dB		通过
26	BC1	5.2 m	√	√	18.8 dB	6.0 dB	7.8 dB	3.6 dB	18.3 dB	14.3 dB	16.4 dB		通过
27	BC2	5.2 m	√	√	18.9 dB	0.9 dB	3.1 dB	3.6 dB	11.9 dB	14.0 dB	19.4 dB		通过

7.4 线路端接实训

7.4.1 定长网线制作

1. 材料及工具

材料：网线、水晶头、号码管、水晶头护套。
工具：剪刀、压线钳、剥线刀、钢尺、记号笔等。

2. 操作步骤

第一步：剪线。
剪取一定长度的网线，比规定长度略长 10cm 左右。
第二步：剥线与顺线，如图 7-52、图 7-53 所示。

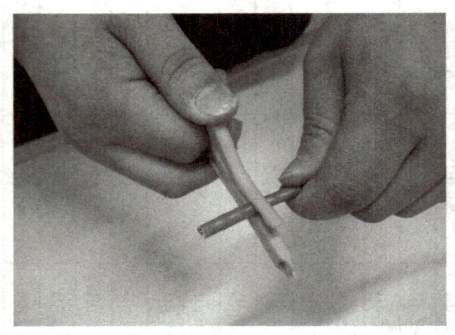

图 7-52　剥线　　　　　　　　　　图 7-53　理顺线序

第三步：制作水晶头一端，如图 7-54、图 7-55 所示。

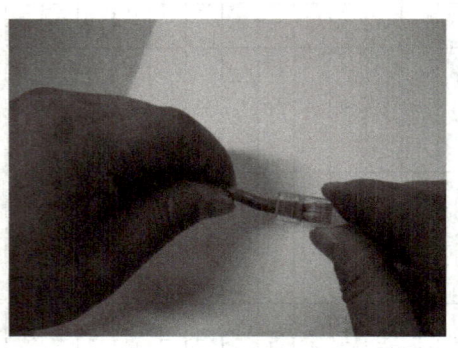
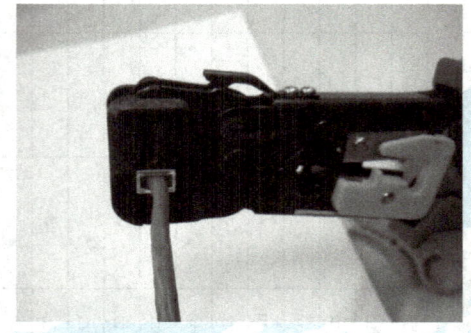

图 7-54　套水晶头　　　　　　　　图 7-55　水晶头压接

第四步：套号码管和水晶头护套。
第五步：控制网线长度，制作定长网线另一端水晶头，如图 7-56 所示。

第七章 综合布线系统模拟实训

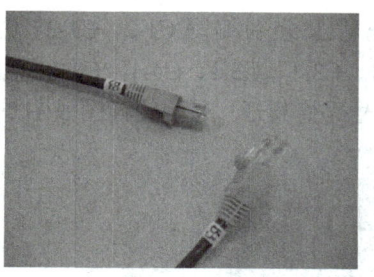 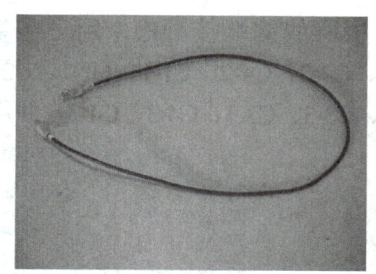

图 7-56 定长网线样图

3. 技术要点

每根网线的长度误差上下不超过 5mm，线序正确，要有护套，线标清楚。对于线标可以这样定义：568B 标准的定长网线每根用 B1-B1、B2-B2……表示；568A 标准的定长网线每根用 A1-A1、A2-A2……表示；568A-568B 标准的定长网线每根用 AB1-AB1、AB2-AB2……表示。

4. 注意事项

当一端水晶头完成后，从另一端将号码管及护套及时套上，同时注意方向，号码管的识读方向应该是从水晶头侧向网线内侧。

7.4.2 用测试仪完成回路端接

1. 材料及工具

材料：网线、水晶头、号码管。
工具：剪刀、压线钳、剥线刀、记号笔等。

2. 操作步骤

第一步：编写号码管。
根据图 7-57 所示 3 根网线构成的回路顺序，对号码管的格式定义为：

```
CX-X
  │ └── 第几根网线
  └──── 第几组回路
────── 用测试仪完成回路端接
```

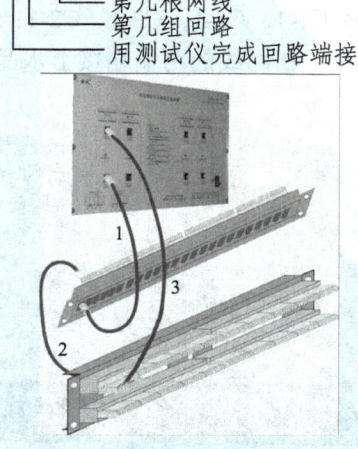

图 7-57 4 回路示意图

根据 3 根网线的端接顺序，用记号笔在号码管上分别编写 C1-2、C1-2、C2-2、C2-2、C3-2、C3-2、C4-2、C4-2、C1-1、C1-1、C2-1、C2-1、C3-1、C3-1、C4-1、C4-1、C1-3、C1-3、C2-3、C2-3、C3-3、C3-3、C4-3、C4-3，并用剪刀将号码管断开。号码管样图如图 7-58 所示。

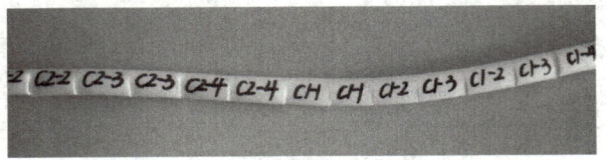

图 7-58　4 回路号码管样图

第二步：进行回路中第 2 根网线的端接。

先剪取适当长度的网线，网线一端端接至 24 口模块式配线架的模块端，依次完成 4 根网线，然后将 C1-2、C1-2、C2-2、C2-2、C3-2、C3-2、C4-2、C4-2 号码管套至相应的网线上，再将网线的另一端端接至 110 配线架连接块的下层，如图 7-59 所示。

图 7-59　4 回路第 2 根网线端接样图

第三步：进行回路中第 1 根网线的端接。

先剪取适当长度的网线，将 C1-1、C1-1；C2-1、C2-1；C3-1、C3-1；C4-1、C4-1 号码管套至相应的网线上，控制住长度，在网线的两端端接上水晶头，并将 4 根网线插入设备相应位置，如图 7-60 所示。

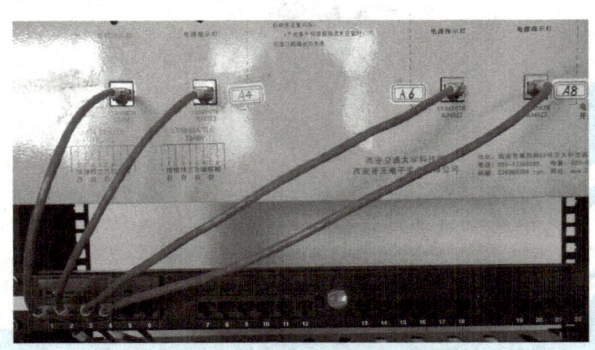

图 7-60　4 回路第 1 根网线端接样图

第七章 综合布线系统模拟实训

第四步：进行回路中第 3 根网线的端接。

先剪取适当长度的网线，在网线的一端端接上水晶头，并插入相应的位置。然后将 C1-3、C1-3；C2-3、C2-3；C3-3、C3-3；C4-3、C4-3 号码管套至相应的网线上，控制住长度，再将网线的另一端端接至 110 配线架连接块的上层，如图 7-61 所示。

图 7-61　4 回路第 3 根网线端接样图

第五步：根据端口对应表的内容完成标签制作，如图 7-62 所示。

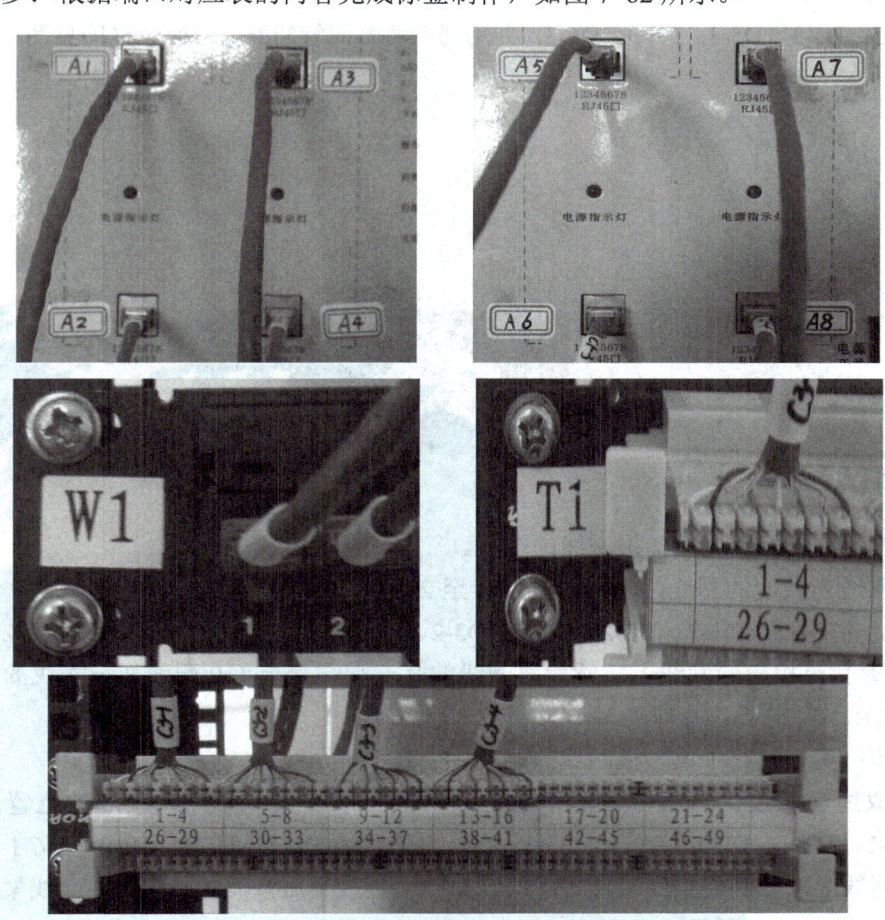

图 7-62　4 回路标签样图

193

7.4.3 用压接线实验仪完成回路端接

1. 材料及工具

材料：网线、水晶头、号码管。
工具：剪刀、压线钳、剥线刀、记号笔等。

2. 操作步骤

第一步：编写号码管。

根据图 7-63 所示 3 根网线构成的回路顺序，对号码管的格式定义为：

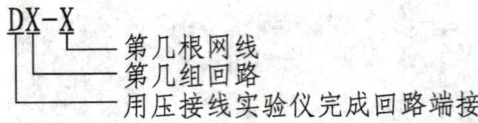

根据 3 根网线的端接顺序，用记号笔在号码管上分别编写 D1-2、D1-2；D2-2、D2-2；D3-2、D3-2；D4-2、D4-2；D5-2、D5-2；D6-2、D6-2；D1-1、D1-1；D2-1、D2-1；D3-1、D3-1；D4-1、D4-1；D5-1、D5-1；D6-1、D6-1；D1-3、D1-3；D2-3、D2-3；D3-3、D3-3；D4-3、D4-3；D5-3、D5-3；D6-3、D6-3，并用剪刀将号码管断开。号码管样图见图 7-64 所示。

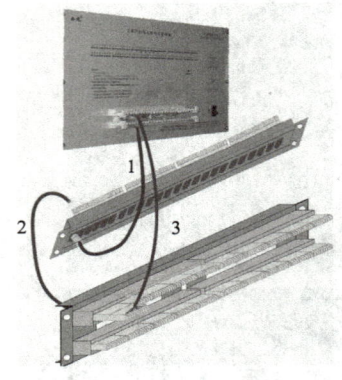
图 7-63　6 回路示意图

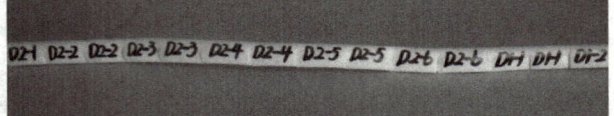
图 7-64　6 回路号码管样图

第二步：进行回路中第 2 根网线的端接。

先剪取适当长度的网线，网线一端端接至 24 口模块式配线架的模块端，依次完成 6 根网线，然后将 D1-2、D1-2；D2-2、D2-2；D3-2、D3-2；D4-2、D4-2；D5-2、D5-2；D6-2、D6-2 号码管套至相应的网线上，然后将网线的另一端端接至 110 配线架连接块的下层，如图 7-65 所示。

第三步：进行回路中第 1 根网线的端接。

先剪取适当长度的网线，在网线的一端端接上水晶头，并插入相应的位置。然后将 D1-1、D1-1；D2-1、D2-1；D3-1、D3-1；D4-1、D4-1；D5-1、D5-1；D6-1、D6-1 号码管套至相应的网线上，控制住长度，再将网线的另一端端接至压接线实验仪 110 配线架下排连接块的上层，如图 7-66 所示。

第七章 综合布线系统模拟实训

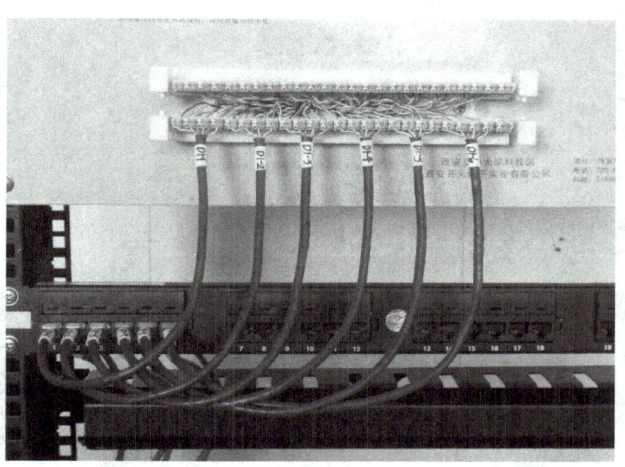

图 7-65　6 回路第 2 根网线端接样图　　　　图 7-66　6 回路第 1 根网线端接样图

第四步：进行回路中第 3 根网线的端接。

先剪取适当长度的网线，将网线的一端端接至压接线实验仪 110 配线架上排连接块的上层。然后将 D1-3、D1-3；D2-3、D2-3；D3-3、D3-3；D4-3、D4-3；D5-3、D5-3；D6-3、D6-3 号码管套至相应的网线上，控制住长度，再将网络的另一端端接至 110 配线架连接块的上层，如图 7-67 所示。

图 7-67　6 回路第 3 根网线端接样图

第五步：根据端口对应表的内容完成标签制作，如图 7-68 所示。

图 7-68　6 回路标签样图

图 7-68　6 回路标签样图（续）

7.5　4 组回路的端口对应表

4 组回路的端口对应表见表 7-6。

表 7-6　4 组回路的端口对应表

回路编号	线标	起始位置
1	C1-1	A2
1	C1-2	W1-1M
1	C1-3	T1（1-4）U
2	C2-1	A4
2	C2-2	W1-2M
2	C2-3	T1（5-8）U
3	C3-1	A6
3	C3-2	W1-3M
3	C3-3	T1（9-12）U
4	C4-1	A8
4	C4-2	W1-4M
4	C4-3	T1（13-16）U

说明：

1. 线标定义：

CX-X
　├─ 第几根网线
　├─ 第几组回路
　└─ 用测试仪完成回路端接

（续）

2. 24口模块式配线架端接位置定义：

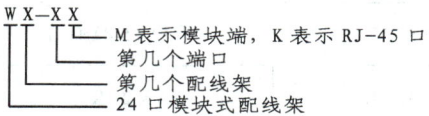

3. 110配线架端接位置定义：

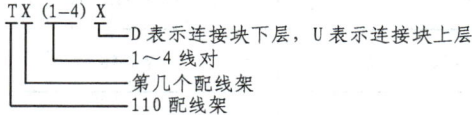

4. 测试仪端接位置定义：

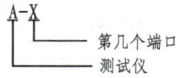

1. 技术要点

每段双绞线长度合适，要满足曲率半径的要求，每个端接处拆开双绞线的长度合适，8芯线位置合适，线标清楚。

2. 注意事项

要记住套上两端的号码管，号码管要注意方向，识读方向为从端接处向网线内侧。

7.6　6组回路的端口对应表

6组回路的端口对应表见表7-7。

表7-7　6组回路的端口对应表

回路编号	线标号	起始位置	终点位置
1	D1-1	T2（26-29）U	W2-1K
	D1-2	W2-1M	T3（1-4）D
	D1-3	T3（1-4）U	T2（1-4）U
2	D2-1	T2（30-33）U	W2-2K
	D2-2	W2-2M	T3（5-8）D

（续）

回路编号	线标号	起始位置	终点位置
2	D2-3	T3（5-8）U	T2（5-8）U
3	D3-1	T2（34-37）U	W2-3K
	D3-2	W2-3M	T3（9-12）D
	D3-3	T3（9-12）U	T2（9-12）U
4	D4-1	T2（38-41）U	W2-4K
	D4-2	W2-4M	T3（13-16）D
	D4-3	T3（13-16）U	T2（13-16）U
5	D5-1	T2（42-45）U	W2-5K
	D5-2	W2-5M	T3（17-20）D
	D5-3	T3（17-20）U	T2（17-20）U
6	D6-1	T2（46-49）U	W2-6K
	D6-2	W2-6M	T3（21-24）D
	D6-3	T3（21-24）U	T2（21-24）U

说明：

线标定义：

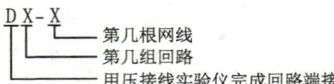

1. 技术要点

每段双绞线长度合适，要满足曲率半径的要求，每个端接处拆开双绞线的长度合适，8芯线位置合适，线标清楚。

2. 注意事项

要记住套上两端的号码管，号码管要注意方向，识读方向为从端接处向网线内侧。

第七章 综合布线系统模拟实训

7.7 竣工资料

7.7.1 施工总结（见图 7-69）

施工总结

一、项目名称：
网络综合布线工程模拟项目。
二、项目实施时间：
2010年03月10日。
二、设计施工依据：
GB 50311—2007《综合布线系统工程设计规范》。
GB 50312—2007《综合布线系统工程验收规范》。
三、项目概况：
利用网络综合布线实训器材，通过安装模拟3层墙的工作区子系统、水平子系统、管理间子系统、垂直子系统、管理间与设备间的连接、设备间与建筑群的连接，以及线缆的端接与测试，模拟了工程实际中 TO→CD 的情况，完成了模拟项目的设计、安装、调试和竣工资料编写。
四、设计施工内容：
　1. 系统设计
(1)绘制了系统图。
(2)绘制了平面施工图。
(3)编制了信息点数量统计表。
(4)编制了信息点端口对应表。
(5)编制了材料预算表。
　2. 设备安装与永久链路测试
(1)信息底盒、墙柜安装。
(2)线槽、线管敷设。
(3)线缆敷设。
(4)信息模块和配线架端接。
(5)面板及配线架标签制作。
(6)永久链路测试。
　3. 线路端接实训
(1)定长网线制作。
(2)用测试仪完成回路端接。
(3)用压接线实验仪完成回路端接。
　4. 竣工资料
　根据设计和安装施工过程，完成了网络综合布线工程模拟项目的施工总结报告，并将所有书面文件打印成A4幅面，完成竣工资料。
　在施工过程中做到了现场设备、材料、工具、包装材料堆放整齐、有序，文明施工。
　五、收获与体会
　在技术方面，通过对项目的实施，加深了对 GB 50311—2007《综合布线系统工程设计规范》、GB 50312—2007《综合布线系统工程验收规范》的学习与理解。在思想品质方面，通过团队配合与协作，增强了组织管理、协调、表达沟通的能力，培养了吃苦耐劳、克服困难的意志品质。
　总之，通过本项目的实施，增强了我们实践经验和动手能力，为我们将来"零"距离就业作好了充分的准备。

项目组编号：1组
2010年03月10日

图 7-69　施工总结

7.7.2 竣工资料封面及目录（见图 7-70）

网络综合布线工程模拟项目

竣 工 资 料

项目组编号:1

2010年03月10日

目录

序号	竣工资料名称	页码
1	施工总结	1
2	系统图	2
3	平面施工图	3-5
4	信息点数量统计表	6
5	信息点端口对应表	7
6	材料预算表	8
7	永久链路测试表	9-35
8	4组回路的端口对应表	36
9	6组回路的端口对应表	37

图 7-70 竣工资料封面及目录

第七章　综合布线系统模拟实训

7.8　项目评分标准

整个模拟项目以 5000 分总分计算，分 4 部分：模拟项目设计（1200 分）、设备安装与永久链路测试（2300 分）、线路端接实训（1200 分）、竣工资料（300 分）。

7.8.1　模拟项目设计部分评分细则（见表 7-8）

表 7-8　模拟项目设计部分评分细则

名称	评分细则	备注
1. 系统图（200 分）	工作区子系统要能表达双孔信息点数量及单孔信息点数量，并标注线缆数量、各楼层信息点总数（40 分）	
	管理间子系统要标注管理间编号及配线架数量（30 分）	
	垂直子系统线缆标注正确、合理（30 分）	
	设备间机柜配线架要标注配线架数量（20 分）	
	建筑群机柜配线架要标注配线架数量（20 分）	
	图例正确（20 分）	
	要有项目名称、图名、图号、项目组编号、日期（20 分）	
	整个系统图版面设计合理，图标排列协调（20 分）	
2. 安装施工图（600 分）	CD-BD-FD-TO 布线路由、设备位置和尺寸正确（60 分）	每张施工平面图 200 分，共三张总计 600 分
	机柜和插座位置、规格正确（30 分）	
	图面设计、布局合理，位置尺寸标注清楚正确（30 分）	
	图形符号规范，说明正确和清楚（20 分）	
	要有项目名称、图名、图号、项目组编号、日期（20 分）	
	整个系统图版面设计合理，图标排列协调（40 分）	
3. 信息点数量统计表（100 分）	信息点数量统计表格式合理（30 分）	
	信息点点数统计合理（30 分）	
	版面清晰，说明正确（20 分）	
	有项目组编号、日期（20 分）	
4. 信息点端口对应表（100 分）	信息点编号合理（60 分）	
	信息点编号有格式定义（20 分）	
	版面清晰，说明正确（10 分）	
	有项目组编号、日期（10 分）	
5. 材料预算表（200 分）	材料预算表格式合理（50 分）	
	材料统计合理（100 分）	
	版面清晰（30 分）	
	说明正确，有项目组编号、日期（20 分）	

7.8.2 设备安装与永久链路测试部分评分细则（见表 7-9）

表 7-9 设备安装与永久链路测试部分评分细则

名称		评分细则	备注
1. 工作区子系统的安装（500分）	底盒安装	每个位置不正确或倾斜扣 5 分 / 处	
		螺钉没有拧紧扣 2 分 / 处	
	模块安装	模块没有卡到位扣 2 分 / 处	
		模块位置不正确扣 5 分 / 处	
		模块方向不正确扣 5 分 / 处	
	面板安装	每个位置不正确或倾斜扣 2 分 / 处	
		螺钉没有拧紧扣 2 分 / 处	
		面板扣板不正确或倾斜扣 5 分 / 处	
	面板标记	面板标记不正确扣 5 分 / 处	
	信息插座布局	信息插座安装不水平扣 5 分 / 处	
2. 水平子系统的安装（800分）	线槽铺设	材料使用不正确扣 5 分 / 处	
		线槽不水平 / 垂直扣 5 分 / 处	
		线槽接头处缝隙超过 1mm 扣 5 分 / 处	
		穿线没有做标记扣 2 分 / 处	
		布线预留不合理扣 2 分 / 处	
	线管铺设	材料使用不正确扣 5 分 / 处	
		线管不水平 / 垂直扣 5 分 / 处	
		线管成型不合理扣 5 分 / 处	
		穿线没有做标记扣 2 分 / 处	
		布线预留不合理扣 2 分 / 处	
3. 管理间子系统 FD 的安装（600分）	线缆敷设	线缆预留长度不够扣 5 分 / 处	
		配线架网络端接位置不正确 5 分 / 处	
		网络理线不合理扣 5 分 / 处	
	配线架理线环安装	设备位置不正确或倾斜扣 5 分 / 处	
		螺钉没有拧紧扣 2 分 / 处	
		没有使用垫圈扣 2 分 / 处	
		缺螺钉扣 2 分 / 处	
4. BD、CD 机柜模拟设备间及建筑群子系统的安装（400分）	线管铺设	材料使用不正确扣 5 分 / 处	
		线管不水平 / 垂直扣 5 分 / 处	
		线管成型不合理扣 5 分 / 处	
		穿线没有做标记扣 2 分 / 处	
		布线预留不合理扣 2 分 / 处	
	线缆敷设	线缆预留长度不够扣 5 分 / 处	
		配线架网络端接位置不正确 5 分 / 处	
		网络理线不合理扣 5 分 / 处	

第七章　综合布线系统模拟实训

7.8.3　线路端接实训部分评分细则（见表 7-10）

表 7-10　线路端接实训部分评分细则

名称		评分细则	备注
1. 定长网线制作（200 分）	4 根定长跳线	线序不正确扣除 7 分 / 根	
		每根跳线长度不正确扣 7 分 / 根	
		压接护套不到位扣 7 分 / 根	
		没有剪掉牵引线扣 7 分 / 根	
		没有护套扣 2 分 / 处	
2. 用测试仪完成 4 回路端接（400 分）	每组回路 100 分	每组链路不通扣 60 分	
		穿线没有做标记扣 2 分 / 处	
		每段双绞线长度合适 3 分 / 根	
		两端线标位置合理、正确 2 分 / 根	
		拆开双绞线长度合适 3 分 / 处	
		没有剪掉牵引线扣 2 分 / 根	
		8 芯线出现偏芯、缠绕扣 3 分 / 处	
		每组路由错误时扣 5 分 / 根	
		端接线序不正确扣 3 分 / 处	
		打线走线方向错误 3 分 / 处	
3. 用压接线实验仪完成 6 回路端接（600 分）	每组回路 100 分	每组链路不通扣 60 分	
		穿线没有做标记扣 2 分 / 处	
		每段双绞线长度合适 3 分 / 根	
		两端线标位置合理、正确 2 分 / 根	
		拆开双绞线长度合适 3 分 / 处	
		没有剪掉牵引线扣 2 分 / 根	
		8 芯线出现偏芯、缠绕扣 3 分 / 处	
		每组路由错误时扣 5 分 / 根	
		端接线序不正确扣 3 分 / 处	
		打线走线方向错误扣 3 分 / 处	

7.8.4 竣工资料部分评分细则（见表 7-11）

表 7-11 竣工资料部分评分细则

名称	评分细则	备注
1. 竣工资料（150 分）	施工总结（80 分）	
	封面（5 分）	
	目录（5 分）	
	施工总结打印稿（5 分）	
	系统图打印稿（5 分）	
	平面施工图打印稿（15 分）	
	信息点数量统计表打印稿（5 分）	
	信息点端口对应表打印稿（5 分）	
	材料预算表打印稿（5 分）	
	装订整齐（5 分）	
	竞赛组编号明显（5 分）	
	一式两份（10 分）	
2. 施工管理（150 分）	现场设备、材料、工具堆放整齐和有序，出现乱放 1 次扣 2 分，最多扣 40 分	
	出现踩踏器材、坐地面操作 1 次扣 5 分，最多扣 40 分	
	出现不端行为或者语言 1 次扣 2 分，最多扣 30 分	
	浪费使用材料 1 次扣 5 分，最多扣 40 分	

参 考 文 献

[1] 郝文化. 网络综合布线实用教程 [M]. 北京：机械工业出版社，2005.
[2] 刘晓辉，李利军. 局域网组网技术大全 [M]. 北京：人民邮电出版社，2007.